Claus Birkholz

Young und Dirac
Propheten der Neuen Physik

Sind wir reif für die neuen Erkenntnisse?

Inhalt

Die Theorie

Die Story dazu

Die Theorie

1. Freier Wille und Reproduzierbarkeit

Die Elektrodynamik hatte den Weg zur **Speziellen Relativitätstheorie** geöffnet; Einsteins Verdienst war die **krummlinige Metrik** seiner **Allgemeinen Relativitätstheorie** – eher ein Strohfeuer, wie sich herausstellte; mit den Folgen daraus gezogener Kurzschlüsse (Abkoppelung der kosmischen Inflation von der Relativitätstheorie, fehlende dunkle Energie und dunkle Materie usw.) haben wir in der Kosmologie noch heute zu kämpfen. Als die wahren Wegbereiter moderner Physik schälen sich inzwischen mehr und mehr der Mathematiker A. **Young** und der Grundlagen-Theoretiker **Dirac** heraus; beide lehrten in Cambridge.

Schrödinger steht für die klassische Quanten*mechanik*, nicht für die **Quantengravitation**, dem Sinnbild für die Vereinheitlichung von Plancks Welt der Quanten mit Einsteins *Allgemeiner* Relativitätstheorie. Für Eingeweihte ging es dabei eher um Bells "**verborgene Parameter**". 1936 hatten die Podolsky, Einstein und Rosen postuliert, um

1) beim quantenmechanischen **Messprozess** das Problem einer "kollabierenden Wellenfunktion" in den Griff zu bekommen,
2) Einsteins "spukhafte Fernwirkung", die sog. "**Verschränkung**", zu erklären.

Verschränkung bezeichnet das Faktum, dass ein gekoppeltes System die Kopplung seiner Quanten *ohne jede zeitliche Verzögerung* über beliebige Distanzen aufrechtzuerhalten vermag, eine Wirkung schneller als das Licht. Dies verletzt ganz klar die Grenzen, die uns die **Kausalität** setzt. Einsteins Idee war es, dass seine Allgemeine Relativitätstheorie möglicherweise unvollständig sei und ihm verborgene Parameter einen Streich spielten. 1964 jedoch publizierte der irische Physiker Bell seine No-go-Theoreme mit der Aussage, dass jene verborgenen Parameter *in der erwarteten Form* eben *nicht* existierten.

Seither eroberten Bells No-go-Theoreme die Grundlagenphysik. Jeder Theoretiker, der etwas auf sich hielt, verkündete stolz die Nicht-Existenz verborgener Parameter in der Quantenwelt ganz allgemein. Wie eine Seuche verbreitete sich diese Ansicht. Jeder, der es noch wagte, Einwände zu erheben, bekam die geballte Macht wissenschaftlicher Lobby zu spüren: niemand mehr nahm ihn ernst. Dergestalt geriet selbst Einstein nachträglich ins Abseits.

Ironischerweise aber stellte sich heraus, dass Einstein doch recht hatte! 1985 gab Bell nämlich selber im Rahmen eines BBC-Interviews zu, dass seine No-go-Theoreme entscheidend auf seiner stillschweigenden Voraussetzung beruhten, dass in der Natur so etwas wie ein **freier Wille** existierte. Ohne diesen freien Willen aber wurden seine Theoreme zu reiner Makulatur!

Bell bezeichnete sein derart korrigiertes Ergebnis als „absoluten Determinismus", kurz: „**Superdeterminismus**": Nach ihm sollte alles für alle Zeiten eindeutig vorherbestimmt und unabänderbar sein. Superdeterminismus war demnach eine Art verallgemeinerte Konsistenzbedingung, die ausnahmslos unsere gesamte Welt umfasste.

Dies bedeutete eine offene Kriegserklärung an die klassische Kultur des Abendlandes. Man denke nur an unsere Rechtsprechung mit ihren Sanktionen gegen Verbrecher. Wäre alles bereits vorherbestimmt, so dürften wir niemanden wegen seiner Untaten als schuldig verurteilen. Denn nicht er, sondern die superdeterministische Verkettung von Umständen hätte dann schuldhaft zu diesen Taten geführt, die unsere Vorväter einst als Verbrechen deklariert hatten. Verkannt wird dabei allerdings, dass auch jene Sanktionen unabänderlich Bestandteil jenes Superdeterminismus sind.

Im Endergebnis wurden Bells Erkenntnisse von 1985 weitgehend ignoriert. Stattdessen stehen noch heute Bells überholte No-go-Theoreme hoch im Kurs. Dies findet insofern Unterstützung, als sich Bells BBC-Interview schon rein technisch schlecht für eine Zitierung in offiziellen Zeitschriften eignet. Einmal von den offiziellen Meinungsmachern vorschnell und *subjektiv* festgeschriebene Gerüchte haben in unserer heutigen Welt bemerkenswerterweise mehr Gewicht als spätere *objektive* Erkenntnisse. Praktisch niemand wagte bisher den Gesichtsverlust, jenen Superdeterminismus auf die Teilchenphysik oder gar auf die Kosmologie anzuwenden.

Theoretische Physik definiert sich als Abbildung (von Teilen) der Natur in die Mathematik. Wir nehmen nur wahr, was uns unsere **Sinne** mitteilen. Dies mag auch Unfug sein. Seriöse Physiker akzeptieren deshalb nur, was sich eindeutig reproduzieren lässt. Wesentliches Charakteristikum ist die **Reproduzierbarkeit** ihrer Aussagen. Dadurch unterscheiden sie sich von den Religionen, die sich auf *nicht* reproduzierbare „Wunder" berufen.

Doch auch die Folgen eines „freien Willens" sind nicht eindeutig reproduzierbar. Schon deshalb ist es verwunderlich, wieso sich *in der Physik* die Hypothese eines „freien Willens" überhaupt erst bilden konnte und dann derart lange aufrechterhalten ließ.

2. Endlichkeit und Atomismus

Eine weitere Eigenschaft der Physik ist ihre atomistische Natur, wie sie Planck 1900 bei seinen Arbeiten an der „Strahlung schwarzer Körper" entdeckte. Schon im Altertum hatten griechische Philosophen darüber spekuliert. Dieser **Atomismus** sollte jedoch bereits jedem Laien klar sein. Denn niemand ist in der Lage bis unendlich zu zählen. Zur Wahrung der Übersicht muss in der Physik demnach alles endlich bleiben, um sich eindeutig beschreiben zu lassen. Ohne eindeutige Beschreibung ist eine Reproduzierbarkeit aber schlecht nachweisbar!

Angewandt auf reelle Zahlen, lehrt uns diese **Endlichkeit**sbedingung, dass die Grundlagenphysik lediglich **rationale Zahlen** zulässt. Für irrationale Zahlen würden wir nämlich eine unendliche Anzahl von (sich nicht wiederholenden) Nachkommastellen benötigen. Ein endlicher Satz von Elementen lässt sich hingegen in seine Einzelteile zerlegen und abzählen. Dies führt zu obiger atomistischer Struktur. Ihre endlich-vielen „Atome" wollen wir als „**Quanten**" bezeichnen.

Die klassische Physik verleugnet jenen Atomismus. Klassisch wird die Physik als kontinuierlich betrachtet. Für kontinuierliche Systeme wurde die Infinitesimalrechnung erfunden. Ihr mechanistisches Weltbild gedieh über Jahrhunderte. Noch heute versucht man, es aufrecht zu erhalten. Schrödingers kontinuierliche Wellengleichung stellt ein Paradebeispiel für die Vorbehalte dar, den die Anhänger jenes mechanistischen Weltbildes noch heute gegenüber Plancks Welt diskreter Quanten hegen.

Nun lässt sich eine kontinuierliche Beschreibung auch als Grenzfall einer Überlagerung diskreter Eigenschaften deuten. Dies ist ihr statistischer Aspekt. Man verkenne jedoch nicht, dass eine geglättete **Statistik** das Ergebnis eines *Grenz*falles darstellt, der stillschweigend eine Extrapolation hin zu einer *unendlichen* Anzahl von Elementen bedeutet! Diese Extrapolation umschließt indirekt aber zusätzliche Elemente, die *nicht* bereits von Anfang an vorhanden waren.

Jene „**verborgenen Parameter**" sind natürlich unphysikalisch, mehrdeutig, reine Fantasie. Ihre Auswahl wäre willkürlich. Sie stellen das dar, was Bells No-go-Theoreme für eine erfolgreiche Verknüpfung der Kausalität mit der Verschränkung ausschließen. Ihre Einbeziehung bildet aber die Quelle für eine **makroskopisch**e Erweiterung einer im Grunde mikroskopischen Welt.

Halten wir fest: Eine makroskopische Beschreibungsweise umfasst mehr Parameter, als experimentell gemessen wurden! Eine Quantentheorie beschreibt den Mikrokosmos, in dem nur 1 („diagonale") Richtung messbar ist. Der makroskopische Blick darauf ist weniger scharf: Das Ergebnis der Messung eines Zustandes A — sagen wir an der Position z — könnte ein Zustand B an der Position z' sein. Ist jetzt die Differenz $z'-z$ vernachlässigbar klein gegenüber dem Absolutwert von z, so könnte das Messresultat dennoch *näherungsweise* gleich z sein und B dann ebenfalls „näherungsweise" gleich A. Ohne Quantisierung der Raumzeit ist davon auszugehen, dass ein ganzes Spektrum von Werten B als exakt =A (miss)interpretiert wird — mit all den abstrusen Folgen für ein Theorie-Verständnis!

Mit Bells Worten wären solche mikroskopischen Abweichungen dem Makrokosmos gegenüber dann „verborgen"; sie würden verschleiern, dass der Endzustand B nicht *exakt* gleich dem Ausgangszustand A ist. Der Makrokosmos arbeitet also mit **Näherungen**. Technisch bedeuten sie (reduzible wie auch irreduzible) **Überlagerungen** einer großen Anzahl solcher *in etwa* übereinstimmenden Zustände.

Diese Neudefinition davon, was gemäß Bells Superdeterminismus als „**makroskopisch**" zu gelten habe, ist die allerwichtigste Errungenschaft der Neuen Physik und kann gar nicht unterschätzt werden! Plancks Summation einer endlichen Anzahl <u>diskreter</u> Quanten, statt sie <u>kontinuierlich</u> aufzuintegrieren, bildet den Schlüssel zu diesem Problem. Durch seine Methode, die Singularitäten hinauszuwerfen, wie sie für Potenziale wie denen von Yukawa oder gar Coulomb klassisch typisch sind, werden singuläre Modelle der klassischen Literatur plötzlich einfach und endlich. Geeignet diskretisiert können auch <u>Yukawa- und Coulomb-Potenziale nicht-singulär</u> werden!

3. Schneller als das Licht

Nach Pythagoras wird ein (quadrierter) Abstand durch Aufaddition seiner quadrierten Komponenten gemessen. In 2 Dimensionen definiert er einen Kreis (bzw., wenn gestreckt, die Hauptachsen einer Ellipse), bei höherer Dimension eine Kugel (bzw. ein Ellipsoid).

Zur korrekten Beschreibung von Maxwells Elektrodynamik, zeigte Einstein, ist die Dimension der Zeit, anders als die des Raumes, mit der imaginären Einheit zu multiplizieren. Eingesetzt in Pythagoras, schaltet dieses Quadrat der imaginären Einheit beim Zeitquadrat das positive Vorzeichen dieser Komponente in das negative Vorzeichen um. Als Resultat erhalten wir die **Spezielle Relativitätstheorie**.

Dieser Vorzeichenwechsel bei der Zeit überführt Pythagoras' Kreis (bzw. seine Kugel) in eine Hyperbel (bzw. ein Hyperboloid). Anders als ein Kreis oder eine Ellipse besitzt eine Hyperbel aber 2 getrennte Äste, die sich nicht berühren. Diese durch den Vorzeichenwechsel ausgelöste Transformation von einem kompakten Kreis (oder einer Ellipse) zu einer nicht-kompakten, offenen Hyperbel führt dazu, dass

1. der ursprüngliche Kreis (bzw. die Ellipse) in 2 Stücke zerrissen und
2. der Rest gedehnt und gestaucht wird.

Nun bezeichnet in der Physik der (negative) Dichtegradient einer Punkteverteilung eine „Kraft". Auf einer homogenen Kugeloberfläche, wo alle Lagen gleichberechtigt sind, sollte für seine Punkte-Konzentration also Gleichverteilung herrschen. Transformieren wir die Kugeloberfläche Punkt für Punkt in die eines Hyperboloids (für einen Mathematiker eine reine Übungsaufgabe), so liefert die transformierte Konzentration dort jedoch eine deutliche Ungleichverteilung.

Auf dem Hyperboloid entstehen demnach **(geometrische) Kräfte**, die es auf der originären Kugel nicht gibt! Sie werden an den Stellen extrem (Lichtgeschwindigkeit), wo die Originalstruktur entzweigerissen wird.

Halten wir nun einen Teil der Koordinaten fest und lassen den Rest laufen, so wird damit die Gesamtheit der Punkte in Abhängigkeit von den festgehaltenen Punkten in lauter zueinander orthogonale Scheiben aufgetrennt. Aber beide Koordinatensysteme zerschneiden die komplette Punktemenge unterschiedlich (rot bzw. grün dargestellt):

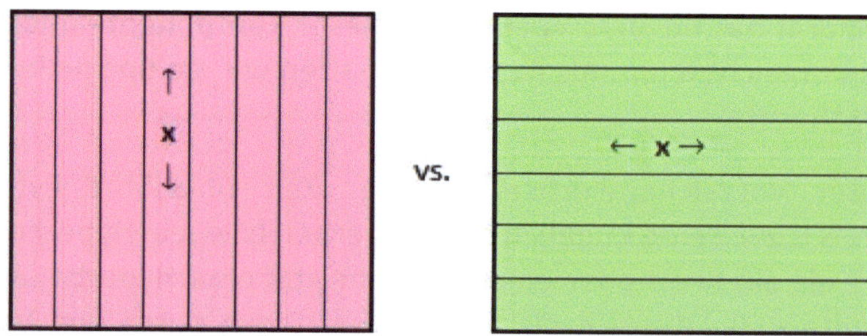

Klassisch würde eine *reell*-wertige Formel beide Schemata verknüpfen (was, quantisiert, eine gemeinsame <u>reelle</u> „Lie-Algebra" ergäbe – was immer dies auch sein mag); in der Quantengravitation (QG) benötigen wir dazu jedoch eine *komplex*-wertige Formel (gemeinsame „<u>komplexe</u> Lie-Algebra"). Der Punkt ist: Die QG unterscheidet zwischen einer kompakten, „**abgeschlossenen**" Darstellung im „**Reaktionskanal**" und einer (formal) nicht-kompakten, „**offenen**" „Pseudo"-Darstellung im „**dynamischen Kanal**".

In beiden Fällen wollen wir die „Punkte" dieser beiden Kanäle als (die Erwartungswerte von) „**Generatoren**" bezeichnen; denn, anders als die klassische Physik, ist die QG ein durch und durch quantisiertes Modell, das Quanten*mechanik* und Einsteins *Allgemeine* Relativitätstheorie beide als klassische Grenzfälle umschließt.

Da beide Kanäle dieselbe Punktemenge beschreiben, drückt sich die Endlichkeit des abgeschlossenen Reaktionskanals auf den dynamischen Kanal durch: Dessen asymptotische „**Pseudo**"-Offenheit muss also irgendwo <u>abgeschnitten</u> sein. Physikalisch heißt dies: auch die Dynamik benötigt nur *endlich*-dimensionale Darstellungen!

Die klassische Physik arbeitet hier stattdessen mit <u>un</u>endlichen Darstellungen. Viele ihrer Probleme basieren auf jenen unphysikalischen Singularitäten, die niemand braucht oder beobachten kann. Die QG vermeidet sie von Anfang an. Klar: Es ist ein hartes Stück Arbeit, die ältere Generation zu überzeugen, ihre technischen Vorbehalte aufzugeben, die sie so lange gepflegt und gehätschelt hat. Ihre internationale Lobby hindert die QG daran, trotz ihrer atemberaubenden experimentellen Erfolge, in der Wissenschaft Fuß zu fassen.

Die Dynamik ist also beschränkt. Anders als in der klassischen Physik existieren hier keine Singularitäten. Das bedeutet jedoch nicht, dass unser Universum irgendwo einen Rand hätte, wo wir anklopfen könnten. Vielmehr dünnt dieses sich mehr und mehr aus. Irgendwo passieren wir dann seinen letzten Punkt ohne zu bemerken, dass dahinter kein weiterer mehr folgt.

Nun summieren sich Wahrscheinlichkeit(s-Amplituden) gemäß Pythagoras auf. Die von der Physik geforderte „**Wahrscheinlichkeits-Erhaltung**" ist also eine Eigenschaft des Reaktionskanals; entsprechend arbeitet auch die Verschränkung mit dem Reaktionskanal. Die Dynamik erweist sich hingegen als Eigenschaft des dynamischen Kanals, und Kausalität ist eine Eigenschaft der Dynamik. Die klassische Physik identifiziert beide Kanäle. Bells Widersprüche basieren auf dieser Identifikation.

Der Punkt x in obiger Skizze kann aber nicht in die rote, senkrechte Richtung und zugleich in die grüne, horizontale Richtung wandern. Trotz der Identität des vollen roten Bereiches mit seinem vollen grünen Gegenstück sind deren herausgeschnittene *Scheiben*, die im Reaktionskanal Wahrscheinlichkeits-Erhaltung und im dynamischen Kanal Bewegungslosigkeit charakterisieren, jedoch *nicht* miteinander identisch – wie es die klassische Physik stillschweigend unterstellt. Dieser Widerspruch ist ja gerade die Quelle von Bells Nogo-Theoremen. Aber beide Kanäle lassen sich in der QG ineinander *entwickeln*! Damit verschwindet Bells Einwand. Beide Kanäle sind lediglich nicht *kommensurabel* zueinander. (Man vergleiche dies mit den Spin-Komponenten.)

4. Historischer Hintergrund

Vor 1900 war Physik noch ein Sammelsurium aus lauter voneinander unabhängigen Einzeldisziplinen gewesen. Danach startete im 20. Jahrhundert ein Schmelzprozess, in dessen Verlauf sich sogar die Chemie als bloße Kombination von Quantenmechanik und Thermodynamik herausstellte. Biologie und Medizin widerstanden jedoch noch diesem Vereinigungsbestreben.

Physik wurde nun als Folge des **Variationsprinzips** verstanden, tief verbunden mit dem Lagrange-Modell. Beide waren im 18. Jahrhundert entwickelt worden, mit dem Variationsprinzip als Highlight zur Abhandlung mechanischer Prozesse. Mathematisch gesehen, gründet sich der **Lagrange-Formalismus** auf der kontinuierlichen, nicht-diskreten „Funktionentheorie mehrerer Variabler". Kritisch ist deren Eigenschaft zu betrachten, alles Geschehen unter nur <u>einem einzigen Parameter</u> zu subsummieren.

In der Physik ist dieser 1 Parameter normalerweise die Zeit. Sogar jene berüchtigten „String-Modelle" lassen lediglich 1 „zeitartige" Dimension zu und setzen sämtliche anderen Dimensionen als „raumartig" an. Wir werden jedoch sehen, dass sich diese Einschränkung für die Physik als zu stark herausstellt.

Das 20. Jahrhundert begann mit dem Paukenschlag von Plancks Einführung diskreter „Quanten", gefolgt von Einsteins Relativitätstheorien. Beide Modelle, das der Relativität und das der Quanten, entwickelten sich rasch zu „**Feldtheorien**" fort. Doch selbst Quantentheorien nutzten noch immer jenes mächtige Netzwerk einer *kontinuierlichen* Funktionentheorie für die Behandlung *diskreter* Probleme von Quanten; man vergleiche nur Schrödingers Methode.

So erwies sich die Welt der Physik als noch unreif für die QG: Die Erfordernisse von Variationsrechnung und Lagrange-Formalismus verhinderten die Vereinheitlichung von Quanten- und *Allgemeiner*

Relativitätstheorie. Haupthindernis: die nicht-verstandene **Dualität** zwischen dem **dynamischen Kanal** und dem **Reaktionskanal**.

Das vorige Kapitel war dem Loswerden ungerechtfertigter Einschränkungen in der Grundlagenphysik gewidmet. Die Physik wurde auf ein Modell „auf **Generator-Basis**" umgestellt. *(Deren „komplexe Lie-Algebra" ist der größte gemeinsame Nenner beider Kanäle. Und ein Generator wird durch eine quadratische Matrix dargestellt. Mehr dazu später.)*

In n Dimensionen sind die n *diagonalen* Matrixelemente simultan messbar. Dies ist das **mikroskopische Bild** der Physik. Das **makroskopische Bild** benutzt hingegen das Gesetz der großen Zahl und greift auf Überlagerungen zurück. *Wie wir noch sehen werden,* lassen sich sämtliche n x n Elemente einer nxn-Matrix, die einen Generator darstellt, durch Anwendung einer geeigneten Statistik **in Näherung** kommensurabel machen.

Derlei Ergebnisse stammen aus der mathematischen Disziplin „**Gruppentheorie**". Auch **Spin** ist ein Begriff daraus. Einstein hielt nicht viel von ihr. Für seine Allgemeine Relativität ist Spin ein Fremdkörper. Für die Gruppentheorie ist er aber eine ihrer fundamentalen Eigenschaften. Dies mag mit eines der Hindernisse sein, die einer erfolgreichen Vereinigung beider Theorien bisher entgegenstanden.

Der Hauptbegriff in der Gruppentheorie lautet jedoch „**Irreduzibilität**". Sie teilt uns mit, welche Kombination von Quanten z.B. zur Bildung eines Teilchens zusammengehört und welche nicht. Wie den Spin, so benutzte Einstein auch diesen eminent wichtigen Begriff in seiner ART *nicht*.

Andererseits jedoch ist diese „Irreduzibilität" auch derjenige Begriff, der es erst gestattet, jene „**Weltformel**" hinzuschreiben, nach der Einstein bis an sein Lebensende vergeblich gefahndet hatte.

Denn die Invarianten der Gruppentheorie *definieren* sich gerade durch diese Irreduzibilität; sie heißen dort „**Casimir-Operatoren**". (Später mehr dazu.) Einsteins „Weltformel" muss demnach (für sämtliche existierende Casimirs) lauten:

$$\textbf{Casimir = const.}$$

5. Quantengravitation

Lassen Sie mich kurz zusammenstellen, was wir bisher als von Bedeutung für die Quantengravitation bereits gefunden haben:

- **Reproduzierbarkeit** benötigt Bells <u>Superdeterminismus</u>. Dies verbietet die Existenz eines *Freien Willens*.
- **Endlichkeit** liefert ein <u>atomistisches</u> Weltbild *ohne (nicht-behebbare) Singularitäten*.
- Eine *komplexe* **Lie-Algebra** führt zur <u>Dualität zweier Kanäle</u>: *Kausalität* und *Verschränkung* koexistieren.
- Die Ableitung eines **dynamischen Sekundärkanals** aus einem **primären Reaktionskanal** liefert geometrische <u>Kräfte</u>.
- Über das „Gesetz großer Zahlen" kreiert die **Statistik** aus dem mikroskopischen Bild ein <u>makroskopisches Bild</u>.

Weitere Schlussfolgerungen sind:

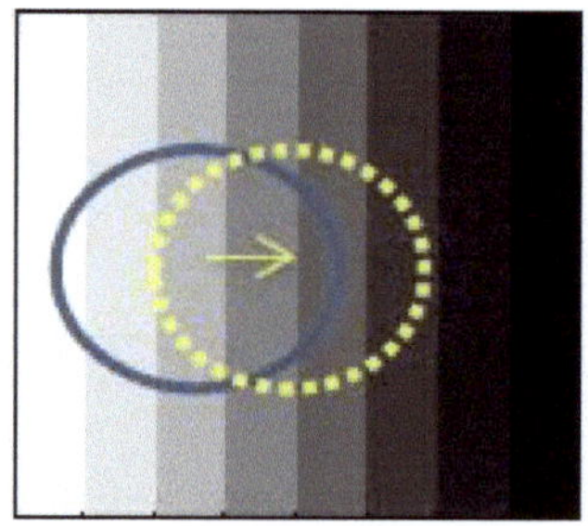

- Der Wahrscheinlichkeitsgradient liefert **Bewegung** als <u>Sprung von Zeitscheibe zu Zeitscheibe</u>. *(In Polarkoordinaten wären dies <u>Zeitschalen</u>.)*

Man vergleiche dies mit dem allzu vereinfachten Versuch von Wheeler und deWitt, statt den Gordischen Knoten unserer beiden nicht-kommensurablen Kanäle zu <u>lösen</u>, ihn dadurch mit Brachialgewalt zu <u>durchschlagen</u>, dass sie *jegliche* Zeitabhängigkeit aus der Theorie verbannten. Sie hatten nämlich korrekt festgestellt, dass eine exakte Zeitmessung diese trivialerweise am Variieren hinderte. Das entspricht unserer Zeitscheiben-Technik.

Ihre stillschweigende Identifikation beider Kanäle führte sie jedoch ins Abseits: *Funktionentheorie* ist kein guter Führer, wenn es um die Handhabung *diskreter* Quantenzustände geht! Was sie getan haben, das war, das Kind mit dem Bade auszuschütten.

Statistik zieht Wahrscheinlichkeit nach sich. Ist letztere normierbar (Anzahl günstiger Fälle dividiert durch Anzahl aller Fälle), so benötigt sie einen Divisionsoperator. Nun lehrt uns die Zahlentheorie, dass ein Zahlensystem mit Divisionsoperator eine Dimension 2 hoch n besitzt, wobei n nicht größer als 3 sein darf. (n=0 liefert die reellen Zahlen, n=1 die komplexen Zahlen.) Nun ergibt sich aus dem Experiment, dass wir tatsächlich alle 2**3 = 8 Dimensionen benötigen:

- Die Basis-**Dimension** der Quantengravitation **ist = 8.**

Als Vereinheitlichung von Plancks Welt der Quanten mit Einsteins Allgemeiner Relativitätstheorie ist es die Zielsetzung der Quantengravitation, Elementarteilchen und den Kosmos mittels derselben Gleichungen zu beschreiben; der Unterschied soll lediglich in den Werten ihrer numerischen Konstanten liegen. Mit denen enthält eine Quantengravitation notwendigerweise auch **externe Parameter**, die von ihr selber <u>nicht</u> vorhergesagt werden können. Unser Universum erweist sich damit als ein untergeordnetes Teilsystem, das sich – wie auch immer – **in** irgend**ein übergeordnetes System einbetten** muss, das jene Parameter festzulegen hat und möglicherweise anderen Axiomen unterliegt.

6. Generatoren und Metrik

Warnung: Dieses Kapitel ist – leider notwendig für das *tiefere* Verständnis der Physik – ein wenig mathematisch. Wer beim ersten Lesen nur Bahnhof versteht, sollte sich trotzdem nicht irritieren lassen.

Schon Einstein benutzte Tensoren in der Grundlagenphysik. Seine ART ist ein Modell, das auf Tensoren beruht. Die Mathematik von Tensoren heißt kontinuierlich **Differentialgeometrie**, diskret **Gruppentheorie**. Tensoren sind Mehrfach-Vektoren, will heißen: Sie basieren auf (Kronecker-)Produkten von Vektoren und *überlagern* diese linear, sodass sich im Endergebnis der entstandene Tensor normalerweise <u>nicht</u> mehr in ein einfaches Produkt von Vektoren rückfaktorisieren lässt.

Ein Tensor trägt also mehrere Vektor-Indizes. Die Gruppentheorie klassifiziert diese nach Symmetrieklassen (Young-Tableaux). Physikalisch betrachtet, existieren Vektoren in 2 (zueinander kontragredienten) Typen: **kontravariant** (Index unten) als Input und **kovariant** (Index oben) als Output eines Prozesses (oder auch umgekehrt).

(Man beachte die Mehrdeutigkeit des Begriffes „kontravariant"! So kommt es zu der paradox klingenden Sprechweise, einen (fix:) <u>kovarianten</u> Index <u>als</u> (wechselseitig:) <u>kontravariant</u> zu einem (fix:) kontravarianten zu bezeichnen. Ferner ist „kontravariant" ein Begriff aus der reell-wertigen Differentialgeometrie (Einstein). Komplexwertig (Dirac) ist der linke Faktor im Skalarprodukt zusätzlich konjugiert-komplex zu nehmen!)

Tensoren können auch Indizes beider Typen zugleich tragen; Beispiel:

$$T_a{}^b = \Sigma_{vw}\, v_a w^b \,.$$

Nur verstößt die Teilchenphysik mit ihrer „**2. Quantisierung**" gegen die saubere Trennung zwischen Input- und Output-Größen. Direkte Folge dieser mathematischen Inkonsistenz ist die Stagnation der Grundlagentheorie in puncto „vereinheitlichte Feldtheorien" seit Dirac in den 1930er Jahren. Denn sein Formalismus untergräbt die Erhaltung der Quanten als individuelle Erhaltungsgrößen:

Plötzlich war das **Vakuum** nicht mehr leer, Teilchen entstanden paarweise aus dem Nichts und verschwanden dorthin auch wieder! Die beiden großen Hindernisse auf dem Weg zur Konstruktion einer QG sind aufseiten der Teilchenphysik also die 2. Quantisierung und aufseiten der ART das Ignorieren des Begriffes der „Irreduzibilität".

Bilineare Tensoren 2ter Stufe (d.h. hier: mit 2 Indizes) existieren u.a. in Form von Generatoren und einer Metrik. In Matrizen-Schreibweise sei T eine Matrix, v und w seien Vektoren. Eine „**Messung**" des Zustands z bezeichne den Spezialfall y = tz mit dem Messwert t als Skalar, d.h. als reine Zahl. In diesem Fall ist das Index-Paar (a,b) diagonal: b=a. Für eine Messung gilt also

$$T\vec{z} = t\vec{z}, \quad t = T_a{}^b \text{ mit } b=a.$$

Allgemeiner wird eine Transformation T gern exponentiell mit einem Exponenten dargestellt, aus dem die imaginäre Einheit und, als laufender Parameter, ein Winkel t als Faktoren abgespalten werden:

$$T = e^{-itg} = \exp[-i\,\frac{t}{t'}\,(g'\cdot t')].$$

Der eigentliche Kern g der Transformation heißt **Generator**. In einem quantisierten System ist man geneigt, den laufenden Winkel t in Einheiten „Anzahl Quanten" auszudrücken und auf diejenige Anzahl t' zu beziehen, die sich auf einem kompletten Kreisumfang (gleich) verteilen würden.

Makroskopisch ist der Quotient t/t' dann normalerweise verschwindend klein – Funktionentheoretiker würden sagen: infinitesimal. Quadrate und höhere Potenzen von t im Exponenten dürfen makroskopisch i.a. somit als vernachlässigbar klein weggestrichen werden. Die „Reihenentwicklung nach Taylor" endet i.a. also de facto bereits nach dem linearen Glied:

$$T = e^{-itg} = 1 - itg + \cancel{\ldots}$$

Diese lineare Näherung heißt in der Physik **Metrik**. In der ART ist das „it" proportional zur (winzig kleinen) Gravitationskonstante.

Bei n Dimensionen existieren aber nxn Übergangsmöglichkeiten, und die $T_a{}^b$ sind Komponenten von nxn-Matrizen. Alle n _Diagonal_-Elemente der Matrix sind unabhängig voneinander messbar; sie sind miteinander „kommensurabel". Lassen wir (in einer Überlagerung derartiger Produkte vw deren Indizes a und b unabhängig voneinander jeweils alle Werte von 1 bis n durchlaufen, dann definieren ihre Komponenten (in diesem Spezialfall zweier entgegengesetzt-varianter Basisvektoren) über T−1 gerade (implizit) einen Satz von nxn Generatoren g. _(Was die Sache umständlich macht: Auch t wird dann zur Matrix.)_

Multiplizieren wir m dieser Generatoren g derart zusammen, dass in solch einem Produkt der obere Index des einen Generators mit dem unteren Index des benachbarten Generators zur Rechten übereinstimmt! (Der Generator links außen gelte dabei zyklisch als der Generator zur Rechten des Generators rechts außen.) Summation über all diese gleichen Indexpaare liefern **Invarianten**, die in der Mathematik auch als **Casimir-Operatoren der Stufe m** bezeichnet werden:

$$C^{(1)} \equiv g_a{}^a,$$
$$\mathbf{C^{(2)} \equiv g_a{}^b g_b{}^a,}$$
$$C^{(3)} \equiv g_a{}^b g_b{}^c g_c{}^a,$$
$$C^{(4)} \equiv g_a{}^b g_b{}^c g_c{}^d g_d{}^a, \text{ usw.}$$

(Einsteins Summen-Konvention: Paare gleicher Indizes sind über diese zu summieren.)

Der Casimir erster Stufe wird als Spur (Summe aller Diagonalelemente) der Matrix g bezeichnet. Bei nur einem Vektor v stellt er für w=v das skalare Quadrat des n-Vektors v gemäß der Vektorrechnung dar. Rückzerlegung eines der beiden Generatoren im Casimir 2ter Stufe in seine konstituierenden (v,w)-Paare liefert dagegen (bei Streichung der Summierung (nicht der über a und b, sondern der) über v und w sowie leichter Umsortierung der Faktoren) das Skalarprodukt von w mit v aus der Vektorrechnung, vermittelt durch g = (i/t)log[T−1]:

$$\vec{w} \cdot \vec{v} = \Sigma_{a,b}\,(w^b\,(g_b{}^a\,v_a)).$$

In dieser Eigenschaft übernimmt ig die Funktion einer **Metrik**. *(Mitunter wird die volle Metrik ig auch auf das lineare Taylor-Glied einer Reihenentwicklung der Transformation (T−1)/t eingeschränkt, die einleitende Einheitsmatrix 1 also ignoriert. Für Einsteins ART ist auch t eine Matrix und enthält i.w. die Gravitationskonstante und die beteiligten Massen; in der QG besteht t nicht aus Konstanten, sondern ist echt variabel!)*

Für w=v und geeignete Nebenbedingungen an die Überlagerungsstruktur von g lokalisiert oben die (invariante) rechte Seite, konstant gesetzt, den geometrischen Ort der Spitze des Vektors v auf der **Oberfläche eines Ellipsoids.**

(Anmerkung: Unabhängig von obiger Metrik wird auch gern schon die Verteilung der imaginären Faktoren, paarweise zu −1 zusammengefasst, als „Metrik" des dynamischen Kanals gegenüber der verknüpfenden Einheitsmatrix des Reaktionskanals bezeichnet. Man sollte sich durch diese Doppeldeutigkeit des Begriffes Metrik nicht irritieren lassen!)

7. Makrokosmos vs. Mikrokosmos

Nun kennen wir, zumindest vom Hörensagen aus der Quantenmechanik, den Fall, dass dort Komponenten klassischer Vektorgrößen nicht mehr gleichzeitig messbar sind. Als üblicherweise zitiertes Beispiel dienen die 3 Komponenten des Spins, von denen die Komponenten in Richtung der x- und y-Achse nicht mehr eindeutig sind, sobald die Komponente in seiner z-Richtung gemessen wurde. Klassisch, *makroskopisch* bleiben jedoch nach wie vor alle 3 Richtungen simultan messbar.

Was ist da passiert? Nun, die Teilchenphysik kennt 2 unterschiedliche Wege zur Definition von Variablen. Die eine ist die einer Komponente im Darstellungsraum (Schrödinger-Bild), die andere die eines auf den Darstellungsraum einwirkenden Operators (Heisenberg-Bild). Hat der (fundamentale) Darstellungsraum n Dimensionen, dann besitzt der Operator nxn Dimensionen. Die n Dimensionen des Darstellungsraumes lassen sich (bei geeigneter Normierung) auf der Diagonale des nxn-dimensionalen Operatorraumes wiederfinden.

Letztere bilden die kommensurablen Komponenten von (linearen) Variablen (z.B. $Spin_0$ und $Spin_3$). Die restlichen $nxn-n = n(n-1)$ Komponenten ($Spin_1$ und $Spin_2$), das sind dann die nicht mehr kommensurablen Komponenten. Als Vektor kennt der Spin also nur 2 Komponenten (Spin-up = $Spin_0$ plus $Spin_3$, und Spin-down = $_0$ minus $_3$); erst als Operator kommen noch weitere Spin-Richtungen ($_1$ und $_2$) hinzu!

Der Casimir erster Stufe stellt das **mikroskopische Skalarprodukt** zweier Vektoren in n Dimensionen im Sinne der Vektorrechnung dar, der Casimir 2ter Stufe das makroskopische in nxn Dimensionen. Die nicht-diagonalen Terme in ihm sind gerade diejenigen **im makroskopischen Skalarprodukt**, die nach Messung (Fixierung) der n Diagonal-Terme die dann **nicht-kommensurabl**en Terme darstellen. Nach der für das 1-Dimensionale beschriebenen Methode des Gesetzes (hinreichend) großer Zahlen lassen sich nun makroskopisch, in Näherung, alle Richtungen simultan reproduzierbar machen.

Dies stellt den formalen **Gang von mikroskopischen Eigenwerten zu makroskopischen Erwartungswerten** im Sinne der Neuen Physik dar: Mikroskopisch nicht-kommensurable Tensor-Komponenten (ein Vektor (oder auch Spinor) ist der Spezialfall eines Tensors) können *makroskopisch* durchaus auch kommensurabel werden! Das makroskopische Ellipsoid vom vorigen Kapitel ist das Endresultat.

Konkret gelangen wir so zu der Aussage: Der Raum, in dem wir leben, ist nicht wirklich 3-dimensional; **2 unserer Raumdimensionen sind makroskopische Täuschungen!** $Spin_1$ und $Spin_2$ sind als Komponenten im 2-dimensionalen *Spinor-Raum* gerade Summe bzw. (i mal) Differenz von Spin-up und Spin-down und somit redundant zu $Spin_0$ (Summe im Singlett) und $Spin_3$ (Differenz im Triplett). Erst im *Generator-Raum* erhalten alle 2x2 = 4 Komponenten (Singlett und Triplett) je einen eigenen, unabhängigen Platz (als Matrix-Elemente), und makroskopische Überlagerungstechnik macht auch die nicht-diagonalen Elemente für ihre Messung zugänglich.

Irreduzibilität ist dann nichts weiter als der Formalismus zur Feststellung

Summe von Produkten $\neq$ Produkt von Summen.

All diese Aussagen beziehen sich erst einmal auf den Reaktionskanal. Im dynamischen Kanal bleibt es dabei, dass einige Dimensionen zusätzlich mit der imaginären Einheit multipliziert werden – und zwar einheitlich, sowohl beim kovarianten als auch beim kontravarianten Index *(ohne Vorzeichenwechsel zwischen den imaginären Einheiten als Faktoren auf beiden Seiten)*!

Im dynamischen Kanal entsteht dabei – neu – die Möglichkeit, dass die pythagoräische Quadratsumme der Komponenten eines

Vektors, anders als im Reaktionskanal, auch negativ werden kann. *(Dies gilt übrigens nicht nur orthogonal, sondern auch unitär.)* Im dynamischen Kanal unterscheiden wir demnach 3 Typen von Vektoren:

zeitartig : Quadrat > 0,
raumartig: Quadrat < 0,
lichtartig : Quadrat = 0.

Das zitierte Ellipsoid aus dem vorigen Kapitel geht im dynamischen Kanal in ein Hyperboloid über (dessen Quantendichte sich nach außen hin im erforderlichen Umfang ausdünnt).

8. Diracs Vermächtnis

Die Zusammenfügung von **Diracs** Spinor in 4 Dimensionen mit seinem entsprechenden Antispinor ergibt tatsächlich einen Gesamtspinor in 8 Dimensionen. Beginnen wir also mit seinem ersten Spinor. Die 4x4 Generatoren, die in der QG auf ihn einwirken, sind die 16 messbaren Basis-Komponenten der Dynamik. Mit i=1,2,3 und CMS = Schwerpunktsystem lauten diese im dynamischen Kanal:

$$
\begin{aligned}
&L_0 && : \text{Teilchenzahl,}\\
&L_i && : \text{Spin } \textit{(3 Komponenten),}\\
&M_0 && : \text{schwere Masse,}\\
&M_i && : \text{Lorentz-Booster } \textit{(3 Komponenten),}\\
&P_0 && : \text{Energie,}\\
&P_i && : \text{Linearimpuls } \textit{(3 Komponenten),}\\
&Q_0 && : \textit{(CMS-)}\text{Zeit,}\\
&Q_i && : \text{Raum, Ort } \textit{(3 Komponenten, im CMS).}
\end{aligned}
$$

In diesem dynamischen Kanal ist der (lineare) Casimir-Operator erster Ordnung die **Teilchenzahl**; sie ist mit allen 16 aufgeführten Generatoren kommensurabel. Der lineare Casimir des Reaktionskanals ist stattdessen die **Energie**.

In der **Teilchenphysik** entsprechen diese 16 Generatoren gerade den dort wohlbekannten 16 „**Gamma-Matrizen**" Diracs. Alle zusammen generieren als „**Dirac-Algebra**" die schon genannte, gemeinsame, „komplexe Lie-Algebra". Vom Prinzip her hätte Dirac die Quantengravitation also bereits in den 1930er Jahren auf die Beine stellen können.

Doch Dirac benutzte in der nach ihm benannten Gleichung nur 4 seiner 16 Gamma-Matrizen. Das lag daran, dass er damals lediglich auf die Befriedigung der ebenfalls entsprechend zu knapp abgefassten „**Klein-Gordon-Gleichung**" der Teilchenphysik aus war, letztendlich also auf Einsteins **Äquivalenzprinzip** „schwere = träge Masse".

Wieso sich Dirac damals mit dieser Kurzfassung in Form der Speziellen Relativitätstheorie zufrieden gab, statt auf einen Schlag gleich zur Form der Allgemeinen Relativitätstheorie mit allen 16 Gamma-Matrizen durchzustoßen, wird wohl sein Geheimnis bleiben.

Im Mikrokosmos sind wir es gewohnt, ganz unten auf einem einzelnen Basiszustand eines Quantensystems aufzusetzen. Anders als in der QG werden Einsteins 4 Raumzeit-Komponenten in der klassischen Quantenphysik als kommensurabel angesehen. Dort ist es (im kräftefreien Zustand) also egal, ob wir erst eine Strecke in die x-Richtung und dann eine andere in der y-Richtung zurücklegen oder umgekehrt („Parallelogramm der Kräfte").

Diese Kommensurabilität gilt aber in Einsteins ART nicht mehr: Dort werden seine Koordinaten als krummlinig angesehen. Starten wir zum Vergleich auf der Erde von den Galápagos-Inseln am Äquator erst gen Norden bis zur Hudson Bay und wenden uns von dort dann nach Osten bis Norwegen oder Schweden, so gelangen wir bei der Vertauschung beider Teilstrecken von den Galápagos-Inseln erst nach Osten bis vor Recife in Brasilien und dann weiter gen Norden nach Island: Der Endpunkt der Reise ist bei gleich langen Teilstrecken in den Polarkoordinaten der Erde also nicht mehr derselbe!

Einstein führte deshalb seine „**Metrik**" ein, um krummlinige Koordinaten geometrisch in den Griff zu bekommen. Diese Metrik erwies sich jedoch als ein derart schwieriges Problem, dass bisher niemand eine überzeugende Lösung für ihre Quantisierung anzubieten in der Lage war. Aus Sicht der QG überrascht dies nicht, stellt sie doch die makroskopische Überlagerung von lauter mikroskopischen Strukturen dar, die noch dazu nicht einmal vollständig sind.

In der QG ergibt sich die Metrik ganz einfach aus der Nicht-Linearität der höheren Casimirs. Eingesetzt in die Weltformel, werden dort Polynome von Generatoren konstant gesetzt. *Makroskopisch* ergeben sich daraus automatisch **krummlinige** Oberflächen als der geometrische Ort der makroskopisch observablen Messgrößen, die die Generatoren repräsentieren.

So liefert der Casimir 2ter Stufe z.B. das schon erwähnte Hyperboloid. Dessen negative Vorzeichen bei den *zeit*artigen Observablen stammen im dynamischen Kanal aus ihrem Quadrat der imaginären Einheit. *(Die Nicht-Kommensurabilität der krummlinigen Koordinaten ist Folge der Nichtvertauschbarkeit (AB ungleich BA) ihrer Generatoren (A,B,…), hingeschrieben in Matrizenform; vgl. unsere 2 Wege (entsprechend A und B) ab den Galápagos-Inseln.)*

Die Zusammenfassung von Diracs beiden 4-dimensionalen Spinoren zu einem gemeinsamen Spinor in 8 Dimensionen löst ganz ungezwungen auch das Problem, warum der uns primär zugängliche Teil der **Welt überwiegend aus Materie** besteht und Antimaterie dort nur als vernachlässigbare, kleine „Verunreinigung" auftritt: (Baryonische) Materie wird durch seine oberen 4 Komponenten mit positiver Teilchenzahl beschrieben. Auf die unteren 4 mit negativer Teilchenzahl kommen wir noch später zurück.

Mathematisch sind obige 16 Generatoren als 4x4-Matrizen darstellbar. 4 davon sind diagonalisierbar, bilden also einen Satz kommensurabler Parameter − z.B. L_0, L_3, P_0, Q_3. (Mit P_0 und Q_3 wären also je 1 Komponente des Energie-Impulses P und 1 Komponente der (CMS-)Raumzeit Q miteinander kommensurabel.) Mit anderen Worten: Jedes Quant repräsentiert ein „**Stückchen Dynamik**".

Je nach Kombination bilden die Komponenten <u>zweier</u> Quanten jeweils gerade die 16 Basiskomponenten der Tabelle von oben. Jedes Quant steht demnach auch für je 1 Einheit des Energie-Impulses und 1 Einheit der (CMS-)Raumzeit. (CMS-)**Raumzeit und Energie-Impuls**

werden durch unsere Quanten generiert! Ohne Quanten existieren weder Raumzeit noch Energie-Impuls! Entsprechendes gilt für die restlichen 8 Parameter L_μ und M_μ.

Um später Verwechselungen vorzubeugen: Wir werden in Kapitel 30 noch eine weitere Quantenzahl, N, kennenlernen, die üblicherweise ebenfalls als „Teilchenzahl" bezeichnet wird. Zur Unterscheidung sei diejenige aus obiger Tabelle deshalb auch N' genannt.

Das dortige N unterscheidet als U(4,4)-Generator den <u>gesamten</u> Dirac-Spinor (N>0) vom <u>gesamten</u> Anti-Spinor (N<0), während obiges N' die 4-dimensionale Teilmenge des linearen Casimir-Operators einer U(2,2) darstellt. Zur Verdeutlichung sei die Wirkungsweise beider Generatoren auf Diracs a- und b-Spin nebeneinander aufgezeigt und der absoluten Anzahl Quanten N" gegenübergestellt:

	N	N'	N"
a^+	+	+	+
b^-	+	−	+
b^+	−	−	+
a^-	−	+	+

9. *Nur für Spezialisten: Mathematischer Einschub*

In Diracs 4 Standard-Dimensionen lassen sich die 4x4 = 16 dynamischen Generatoren G wie folgt darstellen:

$$G_{\mu\nu} \propto a^+\left(\sigma_\mu \otimes \sigma_\nu\right)a^- \quad \text{mit}$$

$$a^+ \equiv (a^+{}_1, a^+{}_2), \quad a^- \equiv \begin{pmatrix} a^-{}_1 \\ a^-{}_2 \end{pmatrix}.$$

Spezialisierung des hinteren Indexes liefert

$$G_{\mu 0} = +\frac{1}{2}\left(a_1{}^+\sigma_\mu a_1{}^- + a_2{}^+\sigma_\mu a_2{}^-\right),$$

$$G_{\mu 1} = +\frac{1}{2}\left(a_2{}^+\sigma_\mu a_1{}^- + a_1{}^+\sigma_\mu a_2{}^-\right),$$

$$G_{\mu 2} = -\frac{i}{2}\left(a_2{}^+\sigma_\mu a_1{}^- - a_1{}^+\sigma_\mu a_2{}^-\right),$$

$$G_{\mu 3} = +\frac{1}{2}\left(a_1{}^+\sigma_\mu a_1{}^- - a_2{}^+\sigma_\mu a_2{}^-\right),$$

Dirac transkribiert (mit m = 1,2):

$$a^\pm{}_m \equiv + \quad (a_1{}^\pm)_m \; ,$$

$$b^\mp{}_m \equiv +i(\sigma_1 a_2{}^\pm)_{m+2}$$

Dies ergibt schließlich:

$$G_{\mu 0} = +\frac{1}{2}\left(a^+\sigma_\mu a^- - b^-\sigma_\mu b^+\right),$$

$$G_{\mu 1} = -\frac{i}{2}\left(b^-\sigma_\mu a^- + a^+\sigma_\mu b^+\right),$$

$$G_{\mu 2} = -\frac{1}{2}\left(b^-\sigma_\mu a^- - a^+\sigma_\mu b^+\right),$$

$$G_{\mu 3} = +\frac{1}{2}\left(a^+\sigma_\mu a^- + b^-\sigma_\mu b^+\right).$$

Mit den Indizes 0 und i = 1,2,3 definiert die QG jetzt ihre 16 Generatoren

L_0	$\equiv G_{00}$,	L_i	$\equiv G_{i0}$,
P_0	$\equiv G_{03}$,	P_i	$\equiv G_{i1}$,
M_0	$\equiv G_{02}$,	M_i	$\equiv G_{i2}$,
Q_0	$\equiv G_{01}$,	Q_i	$\equiv G_{i3}$.

*Hervorgehoben sind die nur 6 **Lorentz**-Generatoren der eingebetteten Speziellen Relativitätstheorie.*

Anders als die klassischen Quantenfeldtheorien benutzt die QG gewöhnliche Kommutatoren (also keine „Antikommutatoren"). Das Pauli-Prinzip für Fermionen generiert sie über das Schalenmodell (s. Kapitel 38).

*Hieraus ergeben sich die „**Kommutatoren**" (Vertauschungsregeln) der U(2,2)-Generatoren (über die der Lorentz-Gruppe hinaus) explizit:*

$$[P'_\mu, P'_\nu] = +i(\varepsilon_{\mu\nu\lambda}\, L_\mu + \delta_{\mu 0}\, M_\nu - \delta_{0\nu}\, M_\mu)$$

$$[Q'_\mu, Q'_\nu] = -i(\varepsilon_{\mu\nu\lambda}\, L_\mu + \delta_{\mu 0}\, M_\nu - \delta_{0\nu}\, M_\mu)$$

$$\textcolor{red}{[P'_\mu, Q'_\nu] = +i\,(-1)^{\delta_{\mu 0}}\, \delta_{\mu\nu}\, M_0}$$

$$[M_0, P'_\mu] = +i\, Q'_\mu$$

$$[M_0, Q'_\mu] = +i\, P'_\mu$$

*Die rote Zeile gibt (nach Division durch die schwere Masse, vgl. Kapitel 15) die **kanonische Quantisierung** der klassischen Quantentheorien wieder. Sämtliche Zusatzzeilen liefern zusammen mit ihr insgesamt die **Metrik** der Quantengravitation (QG). (Durch Einsetzen der Generatoren in die Casimirs und der Casimirs in die Weltformel wird deren Krummlinigkeit sichtbar, wie sie Einstein einst mühsam und unvollständig mittels seiner ART erzeugte.)*

10. Kosmologie und Teilchenphysik

In Diracs 4 Dimensionen hat die Weltformel 2ter Stufe (linke Seite konstant) im dynamischen Kanal folgende Gestalt:

$$C^{(2)}_{SU(2,2)} \equiv + \left(P_0{}^2 - \vec{P}^2 - M_0{}^2\right) - \left(Q_0{}^2 - \vec{Q}^2\right) - \left(\vec{M}^2 - \vec{L}^2\right).$$

Die ersten 5 Parameter (in Rot) stellen, gleich null gesetzt, in der Kosmologie **Einsteins Äquivalenzprinzip** dar, in der Teilchenphysik (als Operator, angewandt auf eine Wellenfunktion) die **Klein-Gordon-Gleichung**. Die mittleren 4 Terme (in Blau) sind die CMS-Raumzeit, und die letzten 6 Parameter (in Lila) bilden den Lorentz-Casimir (2ter Stufe) der Speziellen Relativitätstheorie (SRT).

In der SRT sind alle 3 Klammern einzeln konstant; in ART und QG existieren zusätzlich Kompensationen zwischen den einzelnen Klammern. Einstein identifizierte die Ursache dieser Abweichungen der ART von der SRT als „**geometrische Kräfte**", verursacht durch die Wirkung der **Gravitation**.

Bei Gültigkeit von Einsteins Äquivalenzprinzip verschwindet die rote Klammer. In diesem Falle liefert der Rest den Abstand Q_i (blau) als Funktion des Lorentz-Rahmens M_i (lila). Das ist **Hubbles Gesetz**. Zusammenfassung des gesamten Restes über das Äquivalenzprinzip hinaus liefert:

$$\lambda \equiv \left(Q_0{}^2 - \vec{Q}^2\right) + \left(\vec{M}^2 - \vec{L}^2 + C^{(2)}_{SU(2,2)}\right).$$

Ohne Kenntnis dieses Inhaltes der rechten Seite hatte Einstein diesen Rest bereits als seine **kosmologische Konstante** definiert:

$$\left(P_0{}^2 - \vec{P}^2\right) - M_0{}^2 - \lambda = 0.$$

Wie die graue Gleichung zeigt, ist dieser Inhalt aber keineswegs „konstant" – genauso wenig übrigens wie die in ihr enthaltene Hubble-Konstante, s.o.!

In Anwendung auf die Teilchenphysik bezeichnet die Kosmologische Konstante ungleich null aber gerade einen **„virtuellen" Zustand**:

$$\lambda \psi = \left(P_0{}^2 - \vec{P}^2 - M_0{}^2 \right) \psi \equiv \psi^{virtuell}.$$

Ihren inversen Ausdruck (unten in Weiß) nannte Feynman einen **„Propagator"**. Aufgelöst nach der Wellenfunktion gilt also:

$$\psi = \frac{1}{\left(P_0{}^2 - \vec{P}^2 - M_0{}^2 \right)} \psi^{virtuell}.$$

(In der klassischen Teilchenphysik addieren sich zur Kosmologischen Konstante noch die „internen" Beiträge der „chiralen Kräfte" wie z.B. Elektromagnetismus. Wir werden auch diese noch kennenlernen. Da wir außer unserem eigenen Universum zurzeit kein weiteres kennen, erübrigt sich die Frage nach einer diesbezüglichen weiteren Parallelität.) Für ein stabiles Teilchen gilt jedenfalls die Klein-Gordon-Gleichung (Klammer = 0). Der Propagator wird für Energie-Impuls = schwere Masse dann unendlich, weist dort also eine **Singularität** auf.

11. Das Kosmische Hyperboloid

Nach dem Ort als Funktion der Zeit aufgelöst, lässt sich die Weltformel 2ter Stufe der Dynamik ùmschreiben zu

$$\vec{Q}^2 + Q_9{}^2 = \bar{r}^2 + Q_0{}^2$$

$$\text{mit} \quad Q_9{}^2 = \left(P_0{}^2 - \vec{P}^2 - M_0{}^2\right) - \left(\vec{M}^2 - \vec{L}^2\right) \quad \text{und} \quad \bar{r}^2 = C_{SU(2,2)}^{(2)}.$$

Für reell-wertige r und Q_9 stellt der gelbe Ausdruck die Oberfläche eines 1-schaligen elliptischen Hyperboloids dar, das wir **kosmisches Hyperboloid** nennen wollen (Taillenradius = r quer):

$$\bar{r}^2 \geq 0, \quad Q_9{}^2 \geq 0:$$

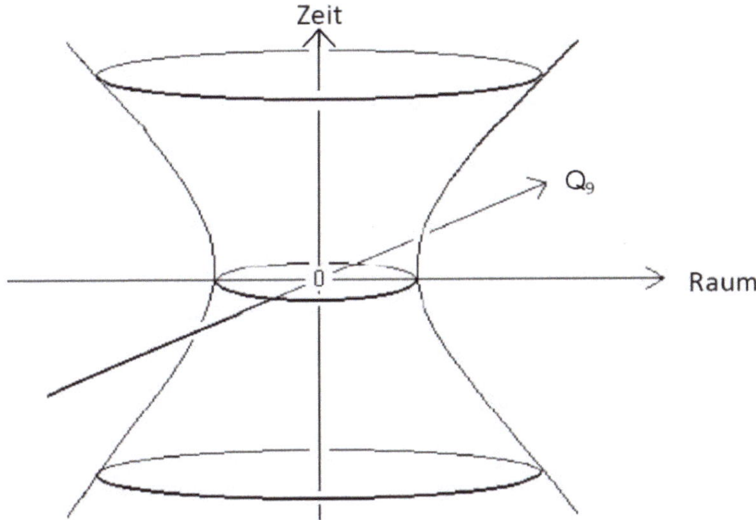

1. Das Hyperboloid ist eine makroskopische Darstellung, dünnt sich asymptotisch aus und wird, um endlich zu bleiben (vgl. Kapitel 3), irgendwo abgeschnitten.
2. Für $Q_9=0$ konvergiert es asymptotisch von *außen* gegen den „Lichtkegel" (Raum/Zeit = konstant, normiert auf die Lichtgeschwindigkeit).

3. Den Ursprung unseres Universums umfasst es *nicht* mit.
4. Asymptotisch weist es eine **kosmische Expansion** des Raumes (in beide Zeitrichtungen) auf.

Punkt 2 beschreibt die **Dunkle Energie**: Ein zur Zeit=0 ruhendes Teilchen (Trajektorie senkrecht aufwärts) wird mit anwachsender Zeit mehr und mehr nach außen beschleunigt; asymptotisch konvergiert es (für $Q_9=0$) gegen die Lichtgeschwindigkeit.

Für ein durch dieselbe Weltformel beschriebenes Elementarteilchen sind Ausdünnung und Abschneideparameter aus Punkt 1 ein Maß für seinen **Teilchenradius**. Für seine explizite Berechnung benötigten wir allerdings die Erweiterung der QG um das Oktett der nicht-dynamischen „**internen Parameter**" (elektrische Ladung, Isospin, ...) der „**General Unified Theory (GUT)**" zur sog. „**Theory of Everything (ToE)**". Die QG stellt nur ihr „internes" Singlett dar (s. Kapitel 24).

Obige Skizze hat den vertikalen, ebenen Schnitt $Q_9=0$ zu seinem Kegelschnitt auserwählt. Verschieben wir diesen Schnitt etwas zu positiven Q_9-Werten hinter unsere gegenwärtige Zeichenebene hin, dann nähern sich beide Hyperbeläste an, bis sie sich schließlich beide bei Raum=0 im Abstand des Taillenradius auf der Q_9-Achse berühren. Der (entsprechend niedriger-dimensionale) Kegelschnitt entartet dann zu einem Doppelkegel mit sich dort berührenden Spitzen. Schieben wir die Lage des Kegelschnittes noch weiter hinaus, dann reißt der Doppelkegel wieder auf, s. Kapitel 12.

Der Doppelkegel beschreibt die Lage, wie wir sie im kräftefreien Zustand vorfinden: Teilchen bewegen sich konstant mit Lichtgeschwindigkeit, d.h. alle Teilchen haben *dort* die **Ruhemasse null**. Der Kegelschnitt könnte aber auch etwas um die Zeitachse herum gedreht liegen; dann liefen die Teilchen langsamer: sie wären **massiv**. Dass die Teilchen dann *nicht* bis zur Lichtgeschwindigkeit hin beschleunigt würden weist auf ein weiteres Manko der ART hin; wir werden es als Scherkräfte identifizieren und korrigieren (Kapitel 29).

Für zwar reell-wertiges Q_9, aber imaginäres r stellt der gelbe Ausdruck ein 2-schaliges elliptisches Hyperboloid mit einer asymptotischen Annäherung an den Doppelkegel mit Überlichtgeschwindigkeit dar. Die physikalische Interpretation solch eines Falles wird ausführlich Gegenstand der Erörterung ab Kapitel 20 sein.

Für unser kosmisches Hyperboloid zeichnet sich der Nullpunkt der Zeit (in dieser Darstellung) durch eine minimale Ausdehnung des (von uns beobachteten Teils des) Universums aus. Optischen Beobachtungen über das Photonen-Spektrum sind da allerdings Opakheitsgrenzen durch die Ionisierung von Materie bei hohen Temperaturen gesetzt.

Was hinter dieser Grenze geschieht ist mit der heutigen Technik nicht beobachtbar. Konservative Modelle gehen von einem Urknall-Szenario aus — ohne allerdings die mit solch einem Falle einhergehende Verletzung physikalischer Erhaltungssätze am Urknall erklären zu können. Die QG geht mit ihrem kosmischen Hyperboloid dagegen von einem fließenden Übergang unseres Universum(teile)s aus einem gleichartigen, gespiegelten Universum(teil) mit dort rückwärts laufender Zeit aus; Erhaltungssätze blieben dann gültig.

Ein weiteres, starkes Indiz pro QG ist ihre korrekte Beschreibung der dunklen Energie, für die es in der klassischen Kosmologie keine konsistente Erklärung gibt. Die aus diesem Modell resultierenden grundsätzlichen, weiteren Folgevorstellungen für Kosmologie (Gravitation) und Teilchenphysik (Abstoßung und Anziehung) werden diese QG noch zusätzlich untermauern.

Populärwissenschaftlich wird die kosmische Expansion gern mit dem Aufblasen eines Luftballons verglichen: Alle Punkte der Oberfläche entfernen sich gleichmäßig voneinander; aber keiner dieser Punkte bildet ein Zentrum. Das Zentrum läge im Inneren des Ballons; dieses gehöre aber nicht mit zu unserer Welt, deren Physik sich auf der Oberfläche abspiele. Ganz eindeutig weist der Krümmungsradius aber in eine weitere Richtung senkrecht dazu.

Einstein verweist stolz darauf, diese zusätzliche Dimension über die Nicht-Kommutativität seiner ART eliminiert zu haben. Damit handelt er sich allerdings eine unnötige Verkomplizierung seines Modells ein. Die QG beteiligt sich nicht an diesem Katz-und-Maus-Spiel, sondern akzeptiert von vorn herein, dass die Physik mehr als die klassischen 4 Raumzeit-Dimensionen umfasst (vgl. Kapitel 8, 9, 14, 19).

Die Physik spielt sich auf der Oberfläche dieses Hyperboloids ab. Einstein formulierte seine ART differentialgeometrisch. Bewegung erfolgte bei ihm auf geodätischen Linien. Picken wir uns in der QG irgendeinen Startpunkt und eine Startrichtung auf dem kosmischen Hyperboloid heraus, dann folgt die weitere Bewegung (ohne zusätzlich Kräfte) einer Linie geringster Krümmung auf dem Hyperboloid.

Die Startrichtung wird durch irgendeine spezielle Linearkombination der Generatoren angegeben. Die (konstant gehaltenen) Richtungen senkrecht zur Bewegungsrichtung definieren eine Hyperfläche, die bei dieser Anzahl makroskopischer Dimensionen ebenfalls ein Hyperboloid bilden, aber ein anderes, mit einer Dimension weniger. Dieses, mit unserem kosmischen Hyperboloid zum Schnitt gebracht, liefert die gesuchte **geodätische Linie**.

Bei Anwesenheit chiraler Kräfte (Elektromagnetismus usw.) aus der GUT verlängert sich die Weltformel um entsprechende Zusatzterme. Die dann erzeugte geodätische Linie besitzt im entsprechend höher-dimensionalen kosmischen Hyperboloid dann halt ebenfalls eine höhere Dimension. Das Konstruktionsprinzip ist das gleiche.

Punkte außerhalb unseres kosmischen Hyperboloids gehören zu anderen Werten seines Casimir-Operators, liegen also – wenn man so will – in anderen, parallelen Universen.

12. Kosmische Inflation

Dieser Kegelschnitt durch das kosmische Hyperboloid mit konstantem Q_9 zeigt bei hinreichend großem Q_9 ein 2-schaliges elliptisches Hyperboloid. Es nähert sich dem zugehörigen niedriger-dimensionalen Q_9-Lichtkegel von innen her an:

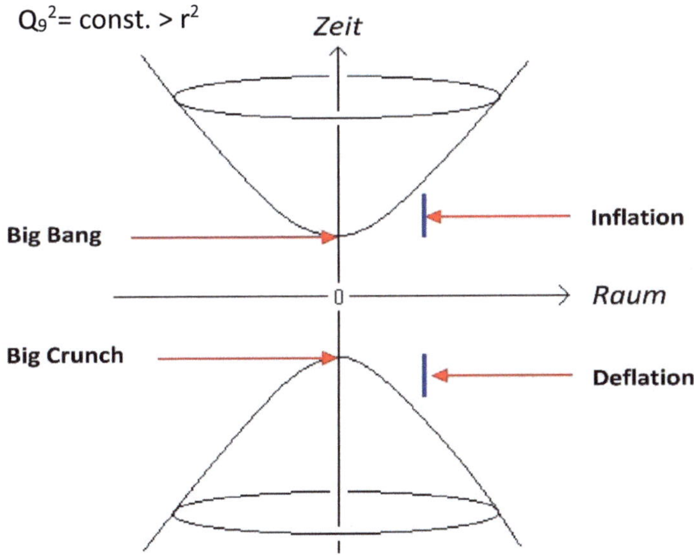

Seine obere Schale ist nach unten begrenzt. Das bedeutet: Die obere Schale unserer herausgepickten Q_9-Scheibe besitzt einen wohldefinierten zeitlichen Startpunkt, „**Big Bang**" (= „Urknall") genannt. *Unmittelbar* vor ihm existiert (in dieser Scheibe) nichts – die entgegengesetzte, untere Schale ist weit weg.

Die Tangentialebene an diesem Punkt verläuft horizontal. Das heißt: Die zeitliche Ausdehnungsrate des Raumes ist auf der oberen Schale zu Beginn formal unendlich; danach schwächt sie sich graduell ab. In der Literatur nennt man dieses Verhalten „**kosmische Inflation**".

Auf der unteren Schale kehrt sich alles um: Mit anwachsender (negativer) Zeit bricht der Raum **deflation**är zu einem „**Big Crunch**" zusammen.

Man beachte jedoch, dass dies alles sich auf einem einschränkenden *Kegelschnitt* abspielt. Die Physik gehorcht aber der *vollen* QG, in der sich sämtliche Kegelschnitte vereinen: Der einzelne Kegelschnitt könnte allenfalls ein spezielles Näherungsverhalten ausdrücken.

In der Literatur wird die kosmische Inflation kontrovers diskutiert. Erfunden worden war sie einst zu dem Zweck, die ebenmäßige, isotrope Verteilung von Galaxien auf längerer Distanz zu erklären. Die herrschende Ansicht ist, dass sich Struktur von einer Verteilung kurz nach dem Big Bang aus regulär entwickelt habe, nachdem die gegenseitigen Wechselwirkungen hinreichend abgeflaut waren, um die erreichte Verteilung nicht mehr zu sehr zu stören.

Diese beobachtete glatte, isotrope Verteilung sollte demnach das eingefrorene Ergebnis der einebnenden starken Wechselwirkungen aus jener Epoche sein, als unser Universum noch klein genug war. Zum Einfrieren dieser Situation sollte eine Phase „rascher" Expansion gefolgt sein. Dies wäre die kosmische Inflation.

Auf dem kosmischen Hyperboloid des vorigen Kapitels wäre dies die Phase nach dem Abklingen der stärksten Krümmung um die Zeit=0 herum, aber vor dem Übergang in den asymptotischen Verlauf. *(Lassen Sie sich nicht durch den Scheinwiderspruch zwischen der Darstellung des kosmischen Hyperboloids, das sich seinem Lichtkegel von außen her annähert, und der der kosmischen Inflation, die sich ihm von innen her anschmiegt, irritieren: Beide Skizzen beziehen sich auf eine unterschiedliche Anzahl von Dimensionen!)*

Zur Erlangung dieser 2-schaligen Struktur der kosmischen Inflation muss Q_9 größer als die Westentaille werden. Bei einem Start bei Zeit=0 „nach oben" bedeutete dies für unsere ursprünglich radiale

Bewegungskomponente in der (Raum, Q_9)-Ebene ein Umschwenken in eine dazu um 90° senkrecht quer liegende (Raum, Q_9)-Komponente. Schon ohne explizite Berechnung erscheint es fraglich, ob sich die Natur – mit der klassischen Interpretation physikalischer Gesetze – auf eine derartige Eskapade einließe.

Ganz abgesehen davon, das eine Bewegung realer Teilchen mit Überlichtgeschwindigkeit allen Erfahrungen der Physik widerspräche! Die klassische Physik plädiert deshalb für die Unterscheidung zwischen einer **absoluten Bewegung** und einer **Bewegung relativ** zu einer Raumzeit, die durch die Oberfläche seiner Expansionsfläche beschränkt sei. Absolut bedeutet hier: relativ zu allen 15 Dimensionen der Weltformel, und relativ: relativ zu den nur 14 Dimensionen der sich in Expansion befindlichen Oberfläche senkrecht zum jeweiligen Krümmungsradius.

Letzteres wäre die Doktrin der Einstein-Fraktion in der Kosmologie. In ihr addiert sich demnach die „physikalische" Geschwindigkeit zur jeweils lokalen Expansionsgeschwindigkeit, um erst insgesamt die absolute Gesamtgeschwindigkeit zu ergeben. Zu Ende gedacht, landen wir dann aber bei so etwas wie einer (immateriell) tragenden Äther-Struktur – deren Existenz sich Einstein durch seine Relativitätstheorien ja eigentlich geschworen hatte, aus seinen Modellen auszumerzen. Erst ohne diese **Trägerstruktur** sollten wieder die Gesetze der Physik (wie z.B. die Kausalität) gelten.

Klare Aussage also: Da die Konvergenz gegen eine Zeitdifferenz = null (im Nenner der Geschwindigkeit) der Auslöser für derartige, unphysikalische Kegelschnitt-Singularitäten bildet, muss zwangsläufig noch ein weiterer Parameter existieren – gewissermaßen eine **2. Zeit**, die sich zur gewöhnlichen Zeit addiert – um *insgesamt* einen hinreichend großen Wert (im Nenner) zu liefern.

Einen ersten Hinweis auf eine solche gab bereits Feynman mit seinen **virtuellen Massen** (Verstoß gegen Einsteins Äquivalenzprinzip).

Im Zusammenhang mit der Physik schwarzer Löcher (ab Kapitel 20) werden wir sehen, dass die schwere Masse diese Rolle in der QG tatsächlich ganz zwanglos übernimmt: Anders als in der klassischen Physik ist sie hier variabel – allerdings in wesentlich „starrerem" Ausmaß als die gewöhnliche Zeit! (Doch dies ist eine Frage an das Einheitensystem, siehe Kapitel 28.)

Fazit:
Kosmische Inflation beruht auf der gleichen, irreführenden klassischen Fehlinterpretation aus einer unvollständigen Datenerfassung heraus wie die Singularität hinter dem Ereignishorizont eines Schwarzen Loches. Was die Kosmologie systematisch übersieht, das ist der Punkt, der sich oben ganz simpel aus der Einschränkung der Anzahl Dimensionen beim Übergang vom kosmischen Hyperboloid zur kosmischen Inflation ergibt:

Bei dieser **Zusammenstreichung von Dimensionen** kann eine konsistente Darstellung mit Unterlichtgeschwindigkeiten (kosmisches Hyperboloid) bei falscher Interpretation durchaus auch zu einer unphysikalischen Darstellung mit Überlichtgeschwindigkeiten entarten! Im gegebenen Fall ist dies die Variabilität schwerer Massen in Extremsituationen, die bei dieser Einschränkung unter den Tisch fiel – sei es im Kleinen (Feynmans virtuelle Massen), sei es im Großen (Ereignishorizont u.Ä.).

13. Das Matrioschka-Prinzip

Da die QG den Anspruch erhebt, den Kosmos und die Welt der Quanten gleichermaßen zu beschreiben, erscheint da schon die alternative – nicht weniger spekulative – Vorstellung interessanter, unser Universum sei nur eines von vielen und wirke im Pingpong-Spiel jener Universen miteinander – analog zum Verhalten der einzelnen Quanten beim Aufbau eines Elementarteilchens – zum Aufbau größerer Verbundsysteme aus lauter Universen mit.

Erst jene externen kleinen Störungen *unseres* Universums durch seine *Wechselwirkungen* nach außen würden die andernfalls homogene Verteilung von Materie in seinem Inneren zu den astronomisch beobachteten größeren Zusammenballungen auslösen. Analog wie bei inelastischen Teilchen-Reaktionen wäre unser Universum erst als Resultat irgendwelcher kollidierenden oder zerfallenden Vorgänger-Universen zu begreifen.

Die Analogie wäre dann nicht Universum-Teilchen oder Teilchen-Quant, sondern direkt Universum-Quant. Teilchen, Moleküle, Kristalle u.Ä. wären lediglich Zwischenstrukturen wie – bei höheren Temperaturen – Plasma auf dem Weg über Sterne und Galaxien zu astronomischen Clustern.

Ein Weltall entstünde dann nicht als zeitliche Entwicklung (dynamischer Kanal) aus einem „Urknall" als einsamem „Samenkörnchen" heraus, sondern zeitlich unabhängig (Reaktionskanal), auf einen Streich als Ganzes, überall und für alle Zeiten simultan. Das erst führt zu Bells Superdeterminismus. Man vergleiche dies mit dem Verhalten einzelner Sterne (analog zu den Quanten) bei der Kollision von Galaxien (entsprechend den Teilchen). Nur, dass Galaxien keine „irreduziblen" Darstellungen bilden.

Als „irreduzibel" im mathematischen Sinne einer Gruppentheorie würden wir ein (nach außen hin wechselwirkungs*freies*) Universum als Funktion seiner Quanten erwarten. Dann aber dürften Elementarteilchen in seinem Inneren nicht *zugleich* „irreduzibel" sein!

Denn es ist ja gerade die eigenwillige Definition der Irreduzibilität, dass sie sich intern in keine weiteren irreduziblen Blöcke zerlegen lässt. Damit dürfen <u>Elementarteilchen</u> lediglich als <u>konstruktive Überlagerungs</u>knoten einer Vielzahl „benachbarter" Komponenten des Universums begriffen werden! Solch ein „Knoten" bedeutet aber auch eine limitierte Ausdehnung und **begrenzte Lebenszeit** („Tod").

Demnach spielt also bereits auf der Ebene eines simplen Elementarteilchens die Statistik eine ganz wesentliche Rolle mit. Auf ihr gründet sich der Nicht-Valenzteil eines Teilchens, den die klassische Teilchenphysik gern in Form kontinuierlicher Argumente an ihre ansonsten diskrete Spinoren anzuhängen pflegt, deren eigentlicher Ursprung ihr jedoch schleierhaft bleibt.

Doch zurück zur Hierarchie Universum/Quant. Die Grundlegung der QG erfolgte aus der Sicht von Menschen: Dynamik ist ein biologisches Konstrukt; der Reaktionskanal ist das Original. Ein Übergang zu anderen Größenordnungen ändert daran im Prinzip nichts. Das Pingpong-Spiel der Universen könnte in einer Art *Super*universum stattfinden, für das sich auch *unsere* Universen wieder nur als konstruktive Interferenzen von dessen Komponenten darstellen.

Entsprechende Zerlegungen sollte es dann auch nach unten hin als Aufspaltung der Quanten geben. Rein aus menschlicher Sicht entspräche dies insgesamt einer Struktur-Schachtelung nach dem Prinzip russischer Matrioschka-Puppen. Diese Interpretation von Einheiten einer unteren Hierarchie als Überlagerung von Komponenten einer höheren Hierarchie, wie sie uns die Gruppentheorie aufzwingt, würde es uns gestatten, die Grenzen derartiger Hierarchien auch zu sprengen: Interuniverselle Reisen wären prinzipiell denkbar – eine *absolute* Abgrenzung gibt es in der Physik nicht.

14. Dimensionen

In der Quantenphysik beobachten wir immer wieder und wieder, dass der Reaktionskanal primär ist. Nichtsdestoweniger beziehen sich klassische Aussagen zumeist auf den dynamischen Kanal. Das liegt daran, dass sich die Standardexperimente, die ein ruhendes System in Bewegung versetzen, oft leichter durchführen lassen als eine „inelastische" Reaktion, die seine Zusammensetzung ändert. Folgen wir also jenem Trend.

Die Hälfte von Diracs 16 Generatoren des dynamischen Kanals sind Matrizen aus reellen Zahlen, die andere Hälfte solche aus imaginären Zahlen. Nehmen wir den linearen Casimir-Operator L_0 heraus, so lassen sich die übrigen 15 Generatoren folgendermaßen zu einem 6x6-Schema umordnen:

SU(2,2):

0	$-P'_0$	$-M_0$	$-P'_3$	$-P'_2$	$-P'_1$
$+P'_0$	0	$+Q'_0$	$-M_3$	$-M_2$	$-M_1$
$+M_0$	$-Q'_0$	0	$-Q'_3$	$-Q'_2$	$-Q'_1$
$+P'_3$	$+M_3$	$+Q'_3$	0	$+L_1$	$-L_2$
$+P'_2$	$+M_2$	$+Q'_2$	$-L_1$	0	$+L_3$
$+P'_1$	$+M_1$	$+Q'_1$	$+L_2$	$-L_3$	0

Die obere rechte Hälfte der bereits in Kapitel 8 genannten Operatoren sind hier mit entgegengesetztem Vorzeichen nach unten links gespiegelt. „**SU(2,2)**" ist die mathematische Abkürzung für 2 zeitartige plus 2 raumartig Dimensionen.

Das „S" steht für „speziell", d.h. ohne den linearen Casimir. Das „U" steht für „unitär", d.h. diese Generatoren <u>würden</u> die Wahrscheinlichkeit erhalten, *wären sie entweder <u>alle</u> zeitartig oder <u>alle</u> raumartig*. Aufgrund ihrer Mischung beider Eigenschaften heißt die derart generierte Transformationsgruppe „speziell-**pseudo-unitäre** Gruppe in 2 zeitartigen plus 2 raumartigen Dimensionen".

Eine Umbenennung dieser Generatoren ohne Änderung ihrer Position in obigem Schema führt zu einem solchen mit Generatoren, die bzgl. ihres Indexpaares „schief-symmetrisch" sind ($L_{ij} = -L_{ji}$):

SO(2,4):

0	$+L_{65}$	$+L_{64}$	$+L_{63}$	$+L_{62}$	$+L_{61}$
$+L_{56}$	0	$+L_{54}$	$+L_{53}$	$+L_{52}$	$+L_{51}$
$+L_{46}$	$+L_{45}$	0	$+L_{43}$	$+L_{42}$	$+L_{41}$
$+L_{36}$	$+L_{35}$	$+L_{34}$	0	$+L_{32}$	$+L_{31}$
$+L_{26}$	$+L_{25}$	$+L_{24}$	$+L_{23}$	0	$+L_{21}$
$+L_{16}$	$+L_{15}$	$+L_{14}$	$+L_{13}$	$+L_{12}$	0

Die so erhaltene Transformationsgruppe heißt „speziell-**pseudo-orthogonal** in 2 zeitartigen plus 4 raumartigen Dimensionen". Eine „orthogonale" Gruppe bezeichnet eine Gruppe von Drehungen. Diese SO(2,4) ist auch als „**konforme Gruppe**" bekannt.

Diracs 4 pseudo-unitäre Dimensionen entsprechen also 6 pseudo-orthogonalen Dimensionen. Einsteins 4 Dimensionen 0,1,2,3 seien hier als 5,1,2,3 indiziert. Die 3 Generatoren, die sich nur aus Paaren von 1,2,3 kombinieren, heißen **_Spin_**; Einstein benutzte keinen Spin! Und die Dimensionen 4 und 6 waren Einstein unbekannt. In anderen Worten: Für ihn waren sie konstant, invariabel.

Einsteins Gleichungen beziehen sich auf _makroskopische_ Situationen. Seine (kontinuierliche) Beschreibung per Differenzialgeometrie lässt sich als **Projektion dieser 6 Dimensionen** mit konstanten Dimensionen 4 und 6 auffassen. In Einsteins „alten" Dimensionen gilt:

$$(1,4) = 1_{\text{Ort alt}},$$
$$(2,4) = 2_{\text{Ort alt}},$$
$$(3,4) = 3_{\text{Ort alt}};$$
$$(5,4) = 0_{\text{Zeit alt}}.$$

Entsprechend ergibt sich Energie-Impuls zu

$$(1,6) = 1_{\text{Impuls alt}},$$
$$(2,6) = 2_{\text{Impuls alt}},$$
$$(3,6) = 3_{\text{Impuls alt}};$$
$$(5,6) = 0_{\text{Energie alt}}.$$

Benutzt Einstein die Raumzeit noch ausschließlich in geometrischer Formulierung (als Riccis Krümmungstensor), so lässt er den Energie-Impuls (in Form seines Energie-Impuls-Tensors) als Funktion des speziell zu behandelnden Problems vage offen. Durch Anwendung ihrer Weltformel bricht die QG _alle_ diese Generatoren bis zu ihren irreduziblen konformen Wurzeln hinunter auf.

In Einsteins Projektion wird die schwere Masse, L_{46}, ebenfalls zu einer Konstanten. Das hält ihn davon ab zu bemerken, dass die _schwere Masse_ auch „**virtuell**" werden kann, wie es **Feynman** bei Anwendung von Diracs Formalismus zeigte. (Eine „virtuelle" Masse weicht von der experimentell gemessenen Ruhemasse ab. Ein „virtuelles Teilchen", definiert durch seine virtuelle schwere Masse, ist instabil.) In der QG gehört ein virtueller Zustand zu derselben irreduziblen Darstellung wie ihr stabiler Zustand (falls er existiert); denn die Masse ist keine Invariante.

Die Quanten-_Mechanik_ diagonalisiert üblicherweise die schwere Masse (4,6) und den Lorentz-Rahmen (3,5) in Spin-Richtung (1,2). Nun kennt die QG aber **2 zeitartige Richtungen**; relativistisch existiert aber nur eine. Wie schon ausgeführt, basiert das Variationsprinzip auf dem Lagrange-Formalismus mit nur 1 Zeit. Damit stellt es kein geeignetes Mittel für die Behandlung der Grundlagenphysik dar.

Die QG basiert auf ihren Quanten. Ihre Struktur ist Ergebnis derer Entwicklung nach Darstellungen der Gruppentheorie. Raum und Zeit sind lediglich 4 ihrer 16 Generatoren. Definieren wir „**Hintergrund-Unabhängigkeit**" als diejenige Eigenschaft, dass ihre Raumzeit-Metrik Lösung der Dynamik ist, dann ist auch die QG Hintergrund-unabhängig – genauso wie die Allgemeine Relativitätstheorie.

15. Technische Basis zur Philosophie

Wieso unterscheiden wir zwischen Zeit und Raum? Wo kommt im dynamischen Kanal eigentlich jener *imaginäre Faktor* bei den zeitartigen Dimensionen her?

Der Reaktionskanal, hatten wir gelernt, ist Folge der Erhaltung der Wahrscheinlichkeit, die, bei n Dimensionen, strikt „unitäre" Darstellungen des Typs U(n) (bzw. Untergruppen davon) verlangt – in 8 Dimensionen also eine U(8). Wegen 8 = 2**3 lässt sich ihr 8-dimensionaler Basis-Spinor als 3-fache Schachtelung jeweils 2-dimensionaler U(2)-Spinoren zusammenbasteln:

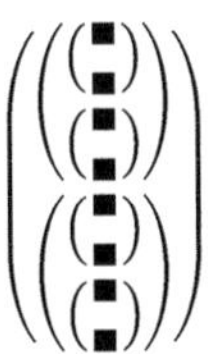

Als die 2x2=4 Generatoren in Anwendung auf solch einen U(2)-Spinor eignen sich (bis auf einen Faktor 1/2, der die halbzahligen Spin-Werte liefert) gerade die 4 **Pauli-Matrizen**. Diese werden aus <u>reellen</u> Zahlen gebildet – mit Ausnahme der Pauli-Matrix Nr. 2, die imaginär ist.

Nun arbeitete die klassische Physik (vor Planck) aber vorwiegend mit reellen Zahlen. Um reell zu bleiben, wäre der Ausweg, die Spin-Komponenten aus je 2 identischen Generatoren zu einem (topologisch „2-fach zusammenhängenden") Paar zu koppeln. Beide halbzahligen Spins würden sich somit ganzzahlig aufaddieren.

Jedenfalls war dies der traditionelle Trick. Man hatte ja den Spin lange Zeit mit dem Bahn-Drehimpuls in einen Topf geworfen, obgleich beide nichts miteinander zu tun haben: der Spin-Operator ist ein Tensor 2ter Stufe, der Bahndrehimpuls einer 4ter Stufe! Gemäß dieser irreführenden Sprechweise kannte „die Klassik" keine halbzahligen Spins – was natürlich Unsinn ist: Die Klassik kannte überhaupt keinen Spin: der Spin wurde erst 1926 entdeckt!

Mit diesem Topologie-Trick würden zwar alle (Paar-)Generatoren, wie verlangt, reell bleiben, aber sämtliche Spins wären ganzzahlig. Wollen wir beim topologischen Normalfall bleiben („1-fach zusammenhängend"), dann müssen wir stattdessen halt die 2. Pauli-Matrix mit der imaginären Einheit multiplizieren. Damit wird aus der U(2) aber eine pseudo-unitäre U(1,1), und die alten, topologischen Mätzchen werden überflüssig.

Diracs additive Aufspaltung der 8-Dimensionalität der Quantengravitation in 2 Spinoren der Dimension 4 (Quant) + 4 (Antiquant) zerlegt auch die 8x8-Metrik entsprechend in 2x2 Blöcke à (8/2)x(8/2) Dimensionen. Die Zäsur zwischen Diracs Quanten und Antiquanten im dynamischen Kanal der Teilchenphysik pflanzt sich in der Kosmologie als **Ereignishorizont** fort.

Für die Metrik bedeutet die Aufspaltung des 8-dimensionalen Darstellungsraumes in 2 getrennte Teile à 4 Dimensionen eine Aufspaltung in 2x2 = 4 Blöcke; neben der Zäsur durch den Ereignishorizont existiert in der Metrik also noch eine weitere Zäsur, die ich im Kapitel 19 als „**Lorentz-Horizont**" bezeichne. In der Kosmologie trennt er die Bereiche „nach dem Urknall" von denen „**vor dem Urknall**".

Einstein kannte nur <u>einen</u> der 4 Blöcke. Da er nicht auf die Irreduzibilität seiner Darstellungen achtete, überlappen sich bei ihm Komponenten vor dem Urknall mit solchen nach dem Urknall miteinander. Aufgrund der zusätzlichen Unvollständigkeit seiner Darstellungen führen diese bei Extrapolationen zu den anderen 3 Blöcken hinüber unweigerlich zu mathematischen **Inkonsistenzen**, die sich z.B. in Form seiner Singularitäten äußern. Die Quantengravitation ist per Konstruktion frei von solchen Singularitäten.

Der Übergang zwischen den 4 Blöcken erfolgt durch die Paritäten C der **Ladungskonjugation** und T der **Zeitumkehr** (s. Kapitel 19). Experimentell erwies sich der Übergang per Ladungskonjugation C über den Ereignishorizont als der starrste (d.h. als der mit dem maximalen Aufwand zur Überwindung).

Dies ist der Grund für Diracs Positionierung seiner Zäsur zwischen Teilchen und Antiteilchen. Analog positionierte die nicht-relativistische Quantenmechanik ihre Zäsur in 2 Dimensionen zwischen Diracs a- und b-Spins, weil experimentell der Widerstand gegen einen relativistischen Boost größer ist als gegen eine nicht-relativistische Drehung.

Mathematisch äußern sich diese Zäsuren durch einen Vorzeichenwechsel in der Metrik: Der Ereignishorizont zwang Dirac die Trennung in Spinor und Antispinor auf, die Relativität die Trennung in a- und b-Spin. Insgesamt führt dies zur Aufspaltung der 8 Dimensionen der Quantengravitation in das Paar U(2,2) + U(2,2).

Die 3-fache Schachtelung von oben liefert nun also eine U(4,4). Diracs Aufteilung in 2 Viererspinoren führt entsprechend zu seiner pseudo-unitären U(2,2). Irgendwie – ich bin kein Biologe – muss sich letzterer Effekt bis auf die **menschliche Evolution** durchgedrückt haben. Wie sonst wäre es erklärlich, dass wir die Welt, in der wir leben, durch die Brille einer **pseudo-unitären Dynamik** betrachten?

Unsere biologische Evolution greift aber noch tiefer: Wieso betrachten wir unsere Umwelt überhaupt mittels Kategorien wie Raum, Zeit und Geschwindigkeit? Der nicht-linearen Geschwindigkeit hat bereits das alte, mechanistische Weltbild *vor* Planck den Garaus gemacht, indem es von ihr den bis heute im Wesen unverstandenen Faktor „**schwere Masse**" abtrennte und sie durch den abstrakteren, aber *linearen* **Impuls** ersetzte, während die Deutung der **Energie** in all ihren Erscheinungsformen noch lange Zeit der Thermodynamik vorbehalten blieb.

Erst die Quantengravitation griff wieder analog auf den uralten Begriff einer linearen „**Schwerpunkt**s-Raumzeit" zurück, um mit ihr, anders als der Meister selber, Einsteins klassische, nicht-lineare Raumzeit aus dem Spiel zu werfen.

Einsteins _nicht-lineare_, klassische Raumzeit X und Geschwindigkeit V berechnen sich aus den _linearen_ Größen Q und P grob über

$$\mathbf{P}_\mu = \mathbf{M}_0 \cdot \mathbf{V}_\mu$$
$$\mathbf{Q}_\mu = \mathbf{M}_0 \cdot \mathbf{X}_\mu$$

Hier drängt sich uns erneut die Frage an die Evolution auf, wieso wir im täglichen Leben die Quotienten V und X statt die Originale P und Q beobachten. Diesmal ist die Antwort jedoch plausibler: Die Natur hat uns gelehrt, die mittelnde, makroskopische Welt zu „fühlen" – und nicht die feinere, mikroskopische Sachlage; die wäre für unsere Sinne viel zu detailliert. Nun ist „Gefühl" eine Angelegenheit von Bewusstsein und Überleben. Und Überleben, jene temporäre, lokale Existenz von Überlagerungsknoten, ist der fundamentale, nicht umgehbare Schlüssel zum menschlichen Bewusstsein, wie wir es kennen!

Noch ein Hinweis für den Fachmann: Obige Schachtelung 2-dimensionaler U(1,1)-Spinoren zu Diracs Spinor in 4 Dimensionen wird von Dirac selber aber zu zwei U(2)-Paaren umsortiert, die er in seiner Nomenklatur dann „**a-Spin**" (schwarz eckig + rot rund) bzw. „**b-Spin**" (schwarz rund + rot eckig) nennt. Begrifflich ist sein "**Spin**" also ein ziemlich gekünsteltes Gebilde, das zu mannigfaltigen Vorzeichenproblemen Anlass gibt:

U(2)-Komponenten werden durch trigonometrische Funktionen (cos, sin) auf einer Kreisperipherie gegeneinander gedreht. U(1,1)-

Komponenten tun dies über die entsprechenden hyperbolischen Funktionen (cosh, sinh) auf zwei Hyperbelästen. Für hinreichend kleine Winkel lässt sich eine Kreisbewegung nicht von einer solchen auf einem Hyperbelast unterscheiden. Kosmologen sollten Extrapolationen auf längere Entfernungen also mit Vorsicht angehen: es könnte eine exponentielle Streckung oder Stauchung vorliegen!

Vorsicht insbesondere bei Geschwindigkeiten, sofern diese nicht als Quotient Linearimpuls durch schwere Masse gemessen werden, sondern als Differenzialquotient der *nicht*-linearen Varianten von Ort und Zeit und *beide* gleichermaßen hyperbolisch definiert wurden!

16. Was ist Zeit, was Raum?

Eine „Reaktion" verknüpft einen Output mit einem Input. Input und Output gehören zu unterschiedlichen Klassen. Die Mathematik berechnet im Reaktionskanal die Übergangswahrscheinlichkeit beider ineinander, indem sie beide aufeinander projiziert. Durch Benutzung des Outputs der einen Reaktion als Input für eine andere lassen sich Reaktionen zu geordneten Folgen ketten.

Diese temporäre Gleichsetzung eines Inputs mit einem benachbarten Output kann auch als „Vernichtung" dieses Outputs mit nachfolgender „Erzeugung" des neuen Inputs interpretiert werden. Allgemeiner nennt man die Paarkombination solch eines „**Vernichtungsoperator**s" mit einem „**Erzeugungsoperator**" (abgesehen von einem Normierungsfaktor) einen „Generator". In der Quantengravitation brechen wir diesen Begriff bis auf seine einzelnen Quanten herunter. Dort bezeichnet ein „**Generator**" also die bilineare Kombination von Quanten aus 2 Klassen: eine Sorte als Output, die andere als Input.

Die traditionelle Physik unterscheidet nicht zwischen „Quanten" und „Quarks" (inklusive Leptonen) als ihren Grundbausteinen. Quarks (und Leptonen) setzen sich jedoch aus einer Vielzahl von Quanten zusammen. Elementarteilchen ganz allgemein, zu denen auch die Quarks gehören, arrangieren ihre Quanten jeweils in Form eines Valenzteiles und eines Nicht-Valenzteiles. Der **Valenzteil** definiert ihre „internen" Parameter (elektrische Ladung usw.) plus Spin in Form diskreter Indizes, der **Nicht-Valenzteil** die restlichen *dynamischen* Parameter in Form kontinuierlicher „Argumente". (Das *Higgs*-Modell stellt einen Notbehelf dar, um wenigstens einen Teil der Nicht-Valenz-Eigenschaften zu simulieren.)

Unter Missdeutung älterer Experimente kulminiert das „Standardmodell" der Elementarteilchen im willkürlichen Postulat,

Quarks sollten sich entweder zu dritt oder zu Quark-Antiquark-Paaren zusammenfinden. Inzwischen ist dieses „Nur-3-Quark-Gesetz" experimentell widerlegt, spukt in den Köpfen aber noch immer herum.

Für die Konstruktion einer Quantengravitation mit ihren Quanten statt Quarks als Fundamentalbausteinen war jenes kategorische Postulat aber eine Jahrhundertkatastrophe! Jenes alte „Gesetz" kombiniert nämlich 2 Aussagen miteinander: „<u>Nur</u> 3" und „<u>in Vielfachen von</u> 3". Die „Nur"-Aussage ist widerlegt, die „Vielfach"-Aussage hingegen lebt weiter als „**Quark Confinement**". Die offizielle Literatur ist jedoch bis heute nicht in der Lage, jenes eigenartige Gesetz auch theoretisch zu untermauern. Die QG ist das einzige Modell, das es (über die Topologie „interner" Kräfte) explizit abzuleiten vermag.

Wieder einmal zeigt sich die fatale Gedankenlosigkeit, mit der in der Neuzeit, seit Schrödinger, Pauli und Bohr, spezielle Experimente ohne jegliche zwingende Begründung vorschnell zu allgemein verbindlichen Gesetzen hochstilisiert werden und damit einen Bärendienst für nachfolgende Generationen leisten, deren Gestaltungskraft in der Forschung hochgradig beschnitten wird! Es ist ja wohl kein Wunder wieso sich in puncto Weltformel seit einem Jahrhundert bis heute in der offiziellen Literatur nichts wirklich getan hat.

Einstein hatte seine Relativitätstheorien noch top-down entwickelt; er war sich der Tragweite seines Vorgehens noch wohl bewusst. Nach dem 2. Weltkrieg jedoch wanderte die Teilchenphysik weitgehend nach Nordamerika ab. Dort herrscht die Bottom-up-Methode vor; Schnelligkeit ist Trumpf. Ergebnisse sind zu publizieren, bevor die Konkurrenz zuschlägt. Amerika lebt für den Augenblick. Nachhaltigkeit ist ein Luxus, den sich niemand leisten will. In solch einem Umfeld ist Einstein in Princeton schlicht geistig verhungert.

So ist die angelsächsische Welt der Ursprung dafür, Vernichtungsoperatoren, vorbehalten für den Output, mit Erzeugungsoperatoren, vorbehalten für den Input, miteinander zu verquicken. Damit „entstehen" Teilchen paarweise aus dem Nichts und „verschwinden" ins Nichts hinein („2. Quantisierung", „Vakuum-Polarisation"). Die **Anzahl Quanten**" verliert ihre Eigenschaft als Erhaltungsgröße (der 8-dimensionalen QG im Reaktionskanal). Dies bedeutet den unphysikalischen Übergang von der diskreten, endlich-dimensionalen QG zu ihrer kontinuierlichen Darstellung in unendlich vielen Dimensionen.

Diese Methode, künstlich unnötige Unendlichkeiten einzuführen, zeitigte in der Teilchenphysik einen Wust an Singularitäten. Abhilfe fand man in einer nachträglichen, globalen „Renormierung", die das mit mehr Überredung als Überzeugung wieder ausbügeln sollte.

Ich hatte vielleicht nicht deutlich genug erwähnt, dass obiges Konzept aus Erzeugungs- und Vernichtungsoperatoren ursprünglich im Rahmen einer Wahrscheinlichkeits-Überlegung entwickelt worden war, d.h. für eine unitäre Umgebung. Im dynamischen Kanal funktioniert das Konzept aber genauso gut – nur liefert diese Vernichter-Technik keine **Wahrscheinlichkeits-Aussagen** mehr!

Nun mischen *Feynman-Diagramme* – sie beschreiben Teilchenreaktionen – fortwährend Aktionen des Reaktionskanals mit solchen („Propagatoren") des dynamischen Kanals durcheinander. Bei korrekter Handhabung wären beide Kanäle sauber voneinander zu trennen. Andernfalls wären diese dynamischen Abschnitte gemäß dem Reaktionskanal „unitär" zu „entwickeln", um – jeder für sich – der Wahrscheinlichkeitserhaltung zu entsprechen. Die Literatur kennt Beispiele entsprechender **„Formfaktor**"-Entwicklungen. Für die QG liefert bereits die Weltformel die benötigten „virtuellen Zustände".

Kehren wir jedoch zur Ausgangsfrage zurück: Was sind **Raum und Zeit**? Wie alle Generatoren sind sie erst einmal **bilineare** Formen aus

Vernichtungs- mit Erzeugungsoperatoren. Aber *mikroskopisch* ist ***nur 1 ihrer 4 Komponenten*** *simultan* ***messbar***. „Diagonalisieren" wir also einen dieser 4 Operatoren, so zählt er entsprechende Quanten durch. Als Ergebnis erhalten wir eine **Anzahl an Quanten** des betreffenden (vorher „diagonalisierten") Typs. Funktionentheoretische Modelle lassen jedoch ausgerechnet diese „Anzahl" unter den Tisch fallen!

(Technischer Hinweis für den Fachmann: Man vergleiche das mit der Ermittlung einer Spin-Komponente. Zwar ist die Raumzeit pseudo-unitär; aber ihre Darstellung ist in der QG endlich-dimensional. Damit lässt sich auch die Zeit genauso wie eine Raum-Komponente „diagonalisieren". Vgl. das entsprechende Konzept – Summe vs. Integral – bei endlichen bzw. unendlichen Fourier-Transformationen.)

17. Rätselhafte Zeit

Gemäß dem Wissensstand Einsteins ist die Natur auf ihrem mikroskopischen Niveau invariant gegenüber Zeitumkehr. Diese Aussage enthält aber 2 Einschränkungen: die mikroskopische schließt Thermodynamik und Allgemeine Relativitätstheorie aus, die Einsteins dagegen die Weltformel, dunkle Energie, dunkle Materie, Teilchenzahl, Paritäten und Schwarze Löcher.

Auf diesem schmalen Grat bezieht sich obige Aussage auf Abschnitte des dynamischen Casimir-Operators 2ter Ordnung, in dem die Zeit nur quadratisch auftritt. Hier ist die Zeit natürlich genauso wie der Raum reversibel; die Richtung des Zeitpfeiles (gen Zukunft oder Vergangenheit) spielt keine Rolle. Experimente der Teilchenphysik bestätigen die Theorie.

Im täglichen Leben verhält sich die Zeit jedoch anders als der Ort: Die Zeit schreitet nur vorwärts, niemals rückwärts. Die Kosmologie führt dies auf die **kosmische Expansion** zurück, gemäß der ein wachsender Raum auch ein Anwachsen der Zeit bedingt. In ihren Augen bedeutet dann mehr Raum niedrigere **Entropie.** Der **Zeitpfeil** folge dann lediglich der abnehmenden Entropie. *(Entropie ist die Eigenschaft, dass eine vom Tisch fallende Tasse auf hartem Boden zwar in Scherben geht, aber, umgekehrt, ihre Stücke sich nicht wieder zur kompletten Tasse verbinden und auf den Tisch zurückspringen.)* 3 wesentliche Fragen bleiben offen:

1. Wieso führt ein anwachsender Raum tatsächlich auch zu einer niedrigeren Entropie?
2. Wieso ist die Zeit derart wankelmütig: mal reversibel, dann wieder irreversibel? Was macht den Unterschied?
3. Warum liefert die kosmische Expansion dann nicht völlig analog auch einen **Raumpfeil**?

Erst einmal spielt die Anzahl von Quantenpaaren der Raumzeit für Entropie-Betrachtungen keine Rolle: Generatoren *wandeln* solche Paare lediglich um, *addieren* aber *keine neuen <u>Zustände</u>*.

Nun sind Generatoren wie Raum und Zeit bilineare Ausdrücke aus 2 unterschiedlichen Klassen. Ihre Brutto-Quantenzahlen lassen sich aber auch innerhalb nur einer der beiden Klassen nachstellen. In diesem Falle bedeutet die Multiplikation eines Paares von Erzeugern mit einem einzelnen Erzeuger so etwas wie eine erweitere Art „Spin-Addition" (was immer dies für den Laien auch bedeuten mag).

Solch eine erweiterte Spin-Addition – Mathematiker nennen sie **„Ausreduktion"** – läuft aber nach anderen Regeln ab als die Anwendung eines reinen Generators. Ein Generator *ersetzt* bloß 1:1 einen der Erzeuger, auf die er angesetzt ist, wirbelt also nur die Komponenten ein und derselben Darstellung durcheinander. Der Pfad, der den Endpunkt aus der Anwendung des Generators auf einen Startpunkt liefert, lässt sich also eindeutig umkehren: er ist **„reversibel"**.

Eine „Ausreduktion" liefert zusätzlich aber auch noch neue, weitere Darstellungen, die vorher nicht in Betracht gekommen waren – egal ob schon vorhanden oder nicht. Eine Ausreduktion liefert also *mehr als einen* Endpunkt. Solch ein „Gabelweg" lässt sich üblicherweise nicht eindeutig umkehren: er ist **„irreversibel"**. Denn auch der rückwärtige Weg wäre analog gegabelt!

Letztere Methode ist die Standardmethode im Kosmos, die uns im kosmischen Hyperboloid von einer mikroskopischen Zeitscheibe zur nächst-benachbarten führt. Sie ist interne Quelle der „kosmischen Expansion". (Zur Erinnerung: Das kosmische Hyperboloid ist ein Gebilde aus dem *dynamischen* Kanal, und die Dynamik ist „offen", sie unterliegt nicht der Wahrscheinlichkeitserhaltung!)

Langer Rede kurzer Sinn: Im Verlauf der Zeit addieren sich beide Effekte. Mikroskopisch wird eine benachbarte Zeitscheibe ziemlich gleich aussehen, der Ausreduktionsvorgang ist also noch vernachlässigbar: Zeit erscheint uns noch immer reversibel. Mit anwachsender Zeitdifferenz häufen sich aber die Raum-Quanten mehr und mehr an, die von der kosmischen Expansion neu erzeugt wurden. Irgendwann einmal sind sie dann aber nicht mehr vernachlässigbar: Von da an erscheint uns die Zeit als irreversibel.

An der Anzahl Zustände wird sich dabei nicht viel ändern, wohl aber am dafür verfügbaren Raum: Die **Entropie nimmt ab**. Somit weist der **Zeitpfeil** in unserem Universum von innen nach außen. Wir **„fühlen" die kosmische Expansion** über das irreversible Voranschreiten der Zeit. Ohne kosmische Expansion stünde die Zeit still, unsere Uhren hörten auf zu ticken! Der Übergang zwischen reversibel und irreversibel ist allerdings fließend.

Das gleiche gilt aber auch für den Raum – auch ein „**Raumpfeil**" existiert! Aufgrund der Geschwindigkeit c des Lichtes gilt nämlich

$$1 \text{ sec} \approx c \cdot 10^{10} \text{ cm}.$$

Mit diesem großen Umrechnungsfaktor brauchen wir einen viel größeren Abstand, bevor wir die kosmische Expansion überhaupt bemerken. *Deshalb* erscheint uns der Raum *noch* reversibel.

Die Quantentheorie macht uns weis, dass es am Energie-Generator liege, dass die Zeit fließt. *(Dies resultiert aus Schrödingers Fourier-Transformation.)* In der QG geht aber eine Änderung der CMS-Zeit (5,4) per Energie (5,6) zulasten der schweren Masse (4,6): Alle 3 Generatoren verknüpfen sich zu einer SU(1,1). Eine variierende Entropie führt also auch zu einem variierenden Massenwert! Dies ist die Konsistenzfalle, derer sich Einstein nicht bewusst gewesen war: Seine Massen sind invariant.

In der Tat ist auch die schwere Masse als Generator zeitartig. Mathematisch verhält sich die schwere Masse (4,6) genauso wie die CMS-Zeit (4,5). Physikalisch unterscheiden sich „beide Zeiten" durch ihre Normierungen (vgl. Kapitel 28): Zeit wird (in der QG) in Einheiten c der Lichtgeschwindigkeit gemessen, schwere Masse in Einheiten „q quer". Beide unterscheiden sich um Größenordnungen. Die schwere Masse ist weitaus „träger" als die CMS-Zeit, benötigt im Experiment also wesentlich höhere Relativ-Energien, um ihre Variabilität sichtbar werden zu lassen. Stichworte: „virtuelle Zustände", dunkle Materie, Ereignishorizont.

18. Der gar nicht so mysteriöse Messprozess

Mit dem Messprozess verbinden sich die verwegensten Gerüchte. So soll mit ihm z.B. *Schrödingers Wellenfunktion „zusammenbrechen"*. In Wirklichkeit wird dabei aber Physik mit Mathematik verwechselt sowie die **Mitwirkung des Messgerätes** sträflich ignoriert.

Ein zu messender physikalischer Zustand wird i.A. bzgl. der zu messenden Eigenschaft nämlich nicht unbedingt bereits a priori „diagonal" sein, sondern eine Mischung unterschiedlicher Zustände darstellen. Eine Messung muss den Zustand folglicherweise also erst einmal „diagonalisieren". Doch wie sollen wir uns dies physikalisch vorstellen?

Ein Messgerät hat definitionsgemäß die Fähigkeit, einen beliebig aufgenommenen (irreduziblen) Input in einen wohldefinierten Output, das „**Mess-Ergebnis**", zu verwandeln. Dafür steht ihm eine endliche Anzahl von vordefinierten Output-Kanälen zur Verfügung; für einen davon muss es sich „entscheiden". Als Beispiel stelle man sich einen auf der Spitze stehenden Bleistift vor. Diese Lage ist labil. In irgendeine Richtung wird er umfallen.

Makroskopisch wird diese Richtung kaum vorhersagbar sein; mikroskopisch ist sie jedoch von seiner internen Struktur aus Molekülen, vom Seitenwind usw. vordefiniert. Mikroskopisch läuft also eine wohldefinierte Kausalkette ab, die sich makroskopisch i.A. schlecht abfragen lässt. Auf der mikroskopischen Ebene läuft letztendlich demnach etwas ab, das sich dann makroskopisch als *Drehung* des Inputs in die Output-Richtung äußert. Verallgemeinert gelangen wir so zu folgender Aussage: Die Eigenschaft eines Messgerätes ist eine „**unitäre Drehung**" seines Inputs in eine seiner vorgegebenen Output-Richtungen.

Was aber sagt die offizielle Literatur dazu?: Der Messprozess „projiziert" den Input auf den Output-Kanal. Verschwiegen wird dabei, dass eine „*Projektion*" singulär wäre, also die Erhaltung der Wahrscheinlichkeit verletzen würde. Doch genau diese Verletzung wird dann als „mysteriös" und „unverstanden" angeprangert!

19. Ereignishorizont

Die 4 Komponenten eines Dirac-Spinors transformieren sich gemäß der Speziellen Relativitätstheorie. Ihre SO(2,4)-Dimensionen sind 5,1,2,3, und ihre Dimensionen 4 und 6 werden konstant gehalten. Dies fixiert aber auch die relativen Vorzeichen von Zeit (4,5), Energie (6,5) und schwerer Masse (4,6). Zu ihrer Änderung erfand die Teilchenphysik 2 Paritäten, T und C; ihr Produkt ist proportional zu P:

- **T = Zeitumkehr** (nicht CMS-, sondern die gewöhnliche Zeit),
- **C = Ladungskonjugation,**
- **P = Ortsumkehr** (= gewöhnliche „**Parität**" in 3 Dimensionen).

(Man hüte sich davor, die Parität P mit dem Energie-Impuls P zu verwechseln: im Alphabet ist die Anzahl der Buchstaben halt begrenzt!) C transformiert nach Dirac ein einlaufendes Teilchen definitionsgemäß in ein auslaufendes Antiteilchen (mit impliziter Zeitumkehr). Somit multiplizieren alle 3 Paritäten ihre Ergebnisse noch mit paritäts-spezifischen Vorzeichen. Insbesondere schaltet T das Vorzeichen der klassischen Zeit um und C noch zusätzlich das der schweren Masse.

T und C teilen ihren gesamten Anwendungsbereich somit in je 2 Sektoren auf – beide zusammen also in insgesamt 4 Abschnitte. Arrangieren wir diese in Form einer 2x2-Matrix, dann entspricht T der Pauli-Matrix 1 und C der Pauli-Matrix 2. Definieren wir im Kapitel 15 bei der Parität P die *innerste* der 3 Schachtelungsstufen nicht mit der Pauli-Matrix 3 sondern 0 (mal die imaginäre Einheit i), dann liefert ihr Produkt einen Ausdruck proportional zu Paulis Matrix 3, deren Quadrat gerade die Einheitsmatrix ist. Das 3-fache Produkt ist dann das aus der Teilchenphysik bekannte **TCP-Theorem:**

$$TCP = -1.$$

Der Gesamt-Anwendungsbereich hat aber nicht 2 sondern 8 Dimensionen; ihre 4 Abschnitte sind also jeweils (8/2 =) 4-dimensional. Wählen wir den oberen ihrer Anwendungsbereiche als Dirac-Spinor einer SO(2,4) aus, dann ist der untere – bis auf eine Umordnung seiner Komponenten – der betreffende Antispinor einer SO(4,2).

Deren entsprechende pseudo-unitäre Gruppen sind in beiden Fällen jedoch U(2,2)-Gruppen, in deren letzterer die 2 oberen Dimensionen der ersteren mit deren 2 unteren Dimensionen vertauscht sind. Die komplette Konfigurationsgruppe ist eine dynamische U(4,4). Die U(2,2)-Metrik des oberen Dirac-Spinors ist (+,+,−,−), die des unteren Dirac-Spinors demnach (−,−,+,+). Die Mächtigkeit (Anzahl ihrer diskreten Elemente) ist in beiden U(2,2)-Konfigurationen die gleiche.

Formal geht die zweite der beiden U(2,2)-Gruppen aus der ersten also durch einen zusätzlich Faktor der imaginären Einheit bei ihren Generatoren hervor. Ladungskonjugation C stellt sich somit als eine (imaginäre) Drehung um die Achse der schweren Masse in der (4,6)-Ebene dar, Zeitumkehr T hingegen als entsprechende Drehung in der (4,5)-Ebene um die (imaginäre) CMS-Zeit-Achse.

Aufgrund der imaginären Drehachsen zeitartiger Generatoren gehören C und T, genauso wie die Parität P, zum Reaktionskanal, wo sie ganz gewöhnliche Transformationen darstellen. Im dynamischen Kanal helfen sie jedoch über die Zäsuren hinweg, die für die Ladungskonjugation C (fette rote Linie) „**Ereignishorizont**" heißt; für die CMS-Zeit (dünne rote Linie) wollen wir sie „**Lorentz-Horizont**" taufen.

U(2,2) Teilchenzahl > 0 $\text{Zeit}^2 > 0$	**U(2,2)** Teilchenzahl < 0 $\text{Zeit}^2 < 0$
U(2,2) Teilchenzahl > 0 $\text{Zeit}^2 < 0$	**U(2,2)** Teilchenzahl < 0 $\text{Zeit}^2 > 0$

Teilchen und Antiteilchen (siehe die weißen Kästchen) werden also den gleichen Raumzeit-Bereich besiedeln – trotz des Ereignishorizontes dazwischen. Entsprechendes gilt für die beiden bläulichen Bereiche zueinander.

Symbolisch etwas umskizziert, seien die Koordinaten die quadrierte <u>CMS</u>-Zeit q = mx (nach oben) und die quadrierte schwere Masse (nach rechts). (In dieser Skizze kommt das Schwarze Loch auf die linke Seite des Ereignishorizontes zu liegen.) Die Pfeile bezeichnen den <u>gewöhnlichen</u> Zeitpfeil von t (= 0-Komponente des 4-Vektors x). Er weist in allen 4 Quadranten in Richtung auf anwachsendes |t|, d.h. in den oberen beiden Kästchen gegen positives t zum Quadrat und in den unteren beiden Kästchen gegen das negative Quadrat.

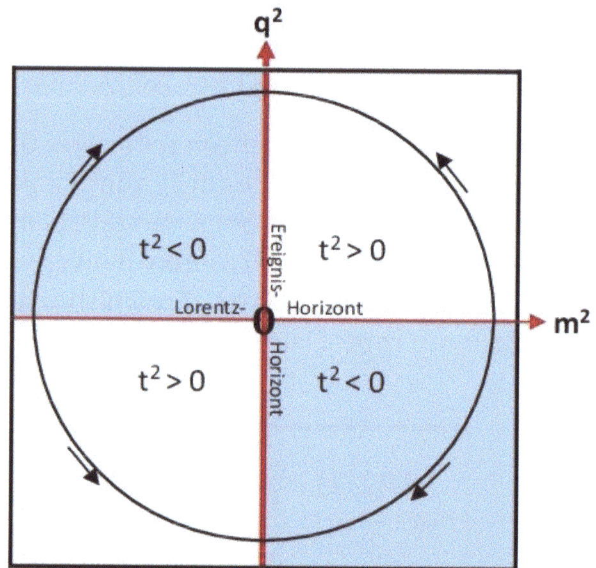

Die Materie, die in unserem Teil des Universums über den Ereignishorizont verloren geht, erscheint uns hinter ihm (innerhalb des Schwarzen Loches) als dortiger Zuwachs. Aufgrund der Zeitumkehr der gewöhnlichen Zeit dort wird dieser *Zuwachs* an Materie (aus unserer Sicht diesseits des Ereignishorizontes) dort aus Sicht jenseits des Horizontes jedoch als *Abnahme* der Antimaterie dort interpretiert.

Diese beiden unterschiedlichen Sichtweisen lässt beide Seiten für sich reklamieren, Materie bzw. Antimaterie nehme mit anwachsender Zeit auf seiner Seite jeweils ab. So erweisen sich beide Seiten des Ereignishorizontes tatsächlich als absolut äquivalent zueinander.

20. Leben im Schwarzen Loch

Die Seite hinter einem Ereignishorizont heißt Schwarzes Loch. 1916 sagte Schwarzschild seine Existenz als Folge der Allgemeinen Relativitätstheorie voraus. Deren Anwendungsbereich endet jedoch bereits am Ereignishorizont. Die Extrapolation über diesen hinaus war also reine Phantasie. In der Tat läuft diese dahinter letztendlich in eine unphysikalische Singularität hinein.

Andererseits wurden die entsprechend starken Gravitationsfelder, wie sie per Theorie <u>vor</u> solchen Ereignishorizonten auftreten sollten, astronomisch tatsächlich nachgewiesen. Man beobachtete sogar das Verschwinden von Materie <u>hinter</u> solche Grenzflächen. Nun beruht Einsteins Theorie aber auf der makroskopischen Beschreibungsweise durch die kontinuierliche Differenzialgeometrie. Die gruppentheoretische Betrachtungsweise wurde außeracht gelassen.

Wie auf vorausgegangenen Seiten gezeigt, gestattet die Gruppentheorie – anders als die Differenzialgeometrie – eine *konsistente* Extrapolation. Das vorige Kapitel zeigt dazu den Weg über die Paritäten auf. Seine Passage bedeutet dort eine Drehung mit dem Generator (der imaginären Variante) der schweren Masse aus dem Reaktionskanal innerhalb der (4,6)-Ebene der Konformen Gruppe SO(2,4).

Nun ist die Spezielle Relativitätstheorie eine Angelegenheit allein der Dimensionen 5, 1, 2 und 3: Die (4,6)-Drehung lässt die **Spezielle Relativität unberührt!** Doch sie vertauscht die CMS-Raumzeit mit dem Energie-Impuls gegeneinander und ebenso ihre nicht-linearen Varianten:

$$Q_\mu \leftrightarrow P_\mu$$
$$X_\mu \leftrightarrow V_\mu$$

Dies mag noch unspektakulär klingen. Aber wie wir sahen, gilt

$$P_\mu = M_0 \cdot V_\mu$$
$$Q_\mu = M_0 \cdot X_\mu$$

Die nicht-lineare, makroskopische Raumzeit X Einsteins folgt aus der linearen, mikroskopischen CMS-Raumzeit Q also durch Bildung des Quotienten Q/M – und analog die nicht-lineare Geschwindigkeit V aus dem linearen, mikroskopischen Energie-Impuls P durch P/M. Solch eine („Strahl"-)Darstellung *sammelt* aber sämtliche (Q,M)-Paare zum selben Resultat X, und entsprechend für (P,M) bzgl. V.

Als Folge zerstört obiger (Q,P)-Austausch Einsteins X-Landschaft, indem er das bisherige *Orts*-Spektrum physikalischer Gegenstände neu gemäß deren altem *Geschwindigkeits*-Spektrum umordnet – und umgekehrt. Astronomisch ändert sich dergestalt unser Bild einer Vielzahl verstreut liegender Schwarzer Löcher an unserem zusammenhängenden, einen Himmel beim Sprung über irgendeinen ihrer Ereignishorizonte hinweg zum zusammenhängenden, einen „**schwarzen Ozean**", auf dem verstreut lauter einzelne Inseln liegen, die unsere alte Welt, umgeordnet gemäß ihrem alten Geschwindigkeitsspektrum, darstellen.

Beide Teilwelten – unsere eigene diesseits eines Ereignishorizontes und jene „schwarze Welt" jenseits von ihm – **gleichen sich** im Prinzip; lediglich ein paar Parameter sind umdefiniert und der Lauf der Zeit ist dort umgedreht. Die Abtrennung beider Teilwelten gegeneinander durch einen gemeinsamen Ereignishorizont führt allerdings auch zu einer **unabhängigen Geschichtsentwicklung** hier und dort. Diese Unabhängigkeit geht mindestens zurück bis auf die Entstehung unseres Universums (und weiterer).

Diese Zeitumkehr, die an Ereignishorizont wie Lorentz-Horizont nur im sekundären dynamischen Kanal, nicht aber im primären Reaktionskanal existiert, führt dazu, dass in allen 4 Sektoren eines Universums die Zeitentwicklung stets vom Urknall weg erfolgt und Materie (wie Antimaterie) stets (formal), aus der Sicht *beider* Seiten, in den Ereignishorizont <u>hinein</u>fällt, <u>nie</u>mals aber von dort <u>heraus</u>kommt. Dies entspricht auch dem gegenwärtigen experimentellen Befund. *(Hawking behauptete ohne stichhaltigen Beweis noch das Gegenteil. Aber er kannte die QG nicht.)*

Andererseits initialisiert dieses Verhalten eine Art Kreislauf von Quanten, die im Laufe der Zeit die eine Seite des Ereignishorizontes verlassen. Eine auf der anderen Seite zu einer frühen Zeit einlaufende Materie wird dort aber in Antimaterie uminterpretiert, die aus ihm zu einer späten Zeit austritt. Und umgekehrt.

Nun kennzeichnet den Ereignishorizont, dass sein quadrierter Energie-Impuls gleich seiner quadrierten Raumzeit sein soll. Da der eine zeit-, der andere aber raum-artig ist, müssten dort beide =0 sein. Ein Blick auf unser kosmisches Hyperboloid zeigt jedoch, dass diese Bedingung <u>nirgends</u> auf seiner (endlichen) U(2,2)-Oberfläche erfüllt ist, solange wir an Einsteins Äquivalenzprinzip festhalten.

In der QG ist dieses Prinzip aber zweitrangig: träge wie schwere Masse variieren unabhängig voneinander, und es gibt „virtuelle" Massen! Das Äquivalenzprinzip fixiert lediglich die Masse mit der global höchsten Wahrscheinlichkeit im statistischen Mittel. Eine Transformation mit der schweren Masse verändert die träge Masse.

So wirkt der Ereignishorizont über die dunkle Energie *mikroskopisch* abstoßend (nur asymptotische Annäherung). *Makroskopisch* jedoch kommt umgekehrt die effektive gravitative Anziehung geschichteter Strukturen zum Tragen (s. nächstes Kapitel). Insbesondere wird sie noch durch die Überlagerung von linearen Strukturen der CMS-Raumzeiten Q und schweren Massen M verstärkt, sofern nur deren Quotienten Q/M als konventionelle, nicht-lineare Raumzeiten übereinstimmen. So wirken abgetrennte Schwarze Löcher unwiderstehlich anziehend.

Nun unterliegt ein Spektrum in der Gruppentheorie **Auswahlregeln.** In der QG nimmt die Anzahl Zustände – also die Anzahl „Punkte" – mit abnehmender (Absolut)Zeit gegen null drastisch ab, siehe meine Skizze zur „Kosmischen Inflation". Dies bedingt auch die minimale Verfügbarkeit solcher Q-Werte zur Strahldarstellung der klassischen Raumzeit X bei ihrer Annäherung an den absoluten Nullpunkt im kosmischen Hyperboloid. Dort muss also auch die Punktedichte im CMS-Rahmen minimal sein.

Andererseits geht ein dynamisches Modell wie Einsteins ART davon aus, dass unsere Welt sich vom Anbeginn der Zeit her kausal aus dem „Saatkorn" des unverstandenen Urknalls heraus entwickelt hat. Bei solchen Modellen liegen alle Informationen bereits in diesem Saatkorn vor, und die Anzahl Zustände pro Zeitscheibe sollte sich seither nur im Rahmen gruppentheoretischer Ausreduktionen verändert haben.

Ein Blick auf die kosmische Inflation zeigt uns, dass die Punktedichte in der ART mit ihrem prononcierten, lokalen Urknall-Szenario dann auch viel höher als in unserer QG ausfallen sollte, die ja Bells dezentralisierten, „multi-lokalen" Superdeterminismus widerspiegelt, indem sie von Q_9- zu Q_9-Scheibe mehr und mehr Punkte hinzufügt. (Zur Erinnerung: Der dynamische Kanal erhält die Wahrscheinlichkeit nicht!)

Die dynamischen Generatoren G sind hermitesch definiert. Deren exponentielle Aufsummierung exp[iaG] nach Fourier zu vollen Transformationen erfolgt jedoch mit dem imaginären Faktor i. Für den (raum-artigen) CMS-Orts-Generator addieren sich also auch imaginäre Beiträge, für den (zeit-artigen) CMS-Zeit-Generator dagegen nur die reellen Beiträge.

Diese reellen Beiträge sind um den Koordinaten-Nullpunkt herum aber recht spärlich gesät und wachsen erst mit der Entfernung davon (d.h. außerhalb der Wespentaille des kosmischen Hyperboloids) immer stärker an. In beiden Fällen beobachten wir also eine **Ausdünnung** der Beiträge in Richtung zum Koordinaten-Ursprung hin. Erst die Aufsummierung dieser Einzelbeiträge im CMS-System zur Strahl-Darstellung der klassischen Raumzeit ohne Berücksichtigung dieser Faktenlage führt zur Fehleinschätzung einer scheinbaren Materiekonzentration am „Big Bang", wie sie uns von der traditionellen Behandlungsweise dieses Falles geläufig ist.

Anders als bei Einsteins ART mit ihrem dynamischen, extrem kompakten Urknall-Szenario müssen wir in der QG also umgekehrt eher von einer gewissen Punkte-Leere dort ausgehen. Diese Lücke zwischen positiven und negativen Zeiten gewährleistet die *makroskopische* Kommensurabilität von Ereignis- und Lorentz-Horizont.

Anmerkung: Der wechselseitige Austausch von Raumzeit gegen 4-Impuls und umgekehrt am Ereignishorizont trägt in Kombination mit dem Lorentz-Verhalten von Raum und Zeit bereits weit außerhalb des Ereignishorizontes (also vor ihrer „Spaghettisierung", wie es in der Literatur heißt) spürbar zur Instabilität größerer Materie-Anhäufungen bei und führt letztendlich zu einer effektiven **Größenbegrenzung kosmischer Objekte** außerhalb des Ereignishorizontes.

Die klassische Argumentation zur Begrenzung der Größe Schwarzer Löcher selber durch den ausgeübten Lichtdruck (Eddington-Grenze) wird für die QG aufgrund der Zeitumkehr am Ereignishorizont dagegen gegenstandslos.

Was wir jedoch unbedingt im Auge behalten sollten, das ist der am Ereignishorizont formal auftretende Übertritt eines Teilchens zur Überlichtgeschwindigkeit. Für die QG bedeutet dieser Übertritt eines Energie-Impulses zu **Überlichtgeschwindigkeit = Raumzeit-Verhalten**! Raumzeit und Energie-Impuls sind also lediglich 2 Seiten ein und derselben Medaille; zusammen bilden sie einen 8-Vektor.

21. Die kausale Lücke

Die Gleichungen der Allgemeinen Relativitätstheorie <u>können</u> den Ereignishorizont überschreiten. Dies zeigt, dass die **ART** ein **makroskopisch**es Modell ist, das indirekt Überlagerungen mikroskopischer Zustände beherbergt, zwischen denen gar Horizont-überschreitend statistisch interpoliert wird. Diese Übergänge sind mikroskopisch aber ein Privileg entweder des Reaktionskanals oder, in ihrer **8**-dimensionalen Version, der Quantengravitation.

Für die QG bedeutet bereits die Annäherung an den Ereignishorizont eine schleichende Drehung weg vom zeitartigen Energie-Impuls hin zur raumartigen CMS-Raumzeit (und umgekehrt). Dabei ändert sich aber der Wert seiner Inertialmasse: Einsteins Äquivalenzprinzip tritt außer Kraft — Teilchenphysiker sprechen von „**virtuellen**" Massewerten und Zuständen, die Einstein fremd sind. Der Übertritt selber erfolgt dann schließlich am Ereignishorizont.

Wie auch immer: Die ART betritt hier für sie verbotenes Gefilde. Sie versucht krampfhaft, das Äquivalenzprinzip aufrecht zu erhalten, und läuft damit in die Singularitätsfalle. In Wahrheit schlägt hier aber die 8-Dimensionalität der QG zu. Die 3 Paritäten C, T und P sind deren Türöffner im Sinne der 3-fachen Schachtelung von U(1,1)-Spinoren. Diese Schachtelung lässt sich auch durch 3 Zweier-Indizes ausdrücken:

$$\left(\left(\left(\begin{smallmatrix}\blacksquare\\\color{red}\blacksquare\end{smallmatrix}\right)\begin{smallmatrix}\blacksquare\\\color{red}\blacksquare\end{smallmatrix}\right)\begin{smallmatrix}\blacksquare\\\color{red}\blacksquare\end{smallmatrix}\right) = (a_{mnk}), \qquad m,n,k \in \{1,2\}.$$

Am Ereignishorizont vertauschen sich nun schwarze und rote Kästchen und Schachtelungsklammern gegeneinander — so z.B. mit k auch *Diracs Spinor* gegen seinen Antispinor. Auf die 8 Dimensionen unseres *Universums* bezogen (s.u.), wäre das Analogon dessen Aufspaltung in seine 2x4 Bereiche vor bzw. hinter dem Ereignishorizont.

Genauso gut könnten wir statt k aber auch m oder n zum Paartausch zweier Spinoren – bzw. Horizonte – heranziehen. Insgesamt kämen wir derart zu den 8 Komponenten der QG, jeweils dargestellt durch ein Paar 4-dimensionaler Spinoren bzw. durch die entsprechenden Bereiche auf einer der 8 betreffenden Horizontseiten im Universum.

Den Ereignishorizont haben wir besprochen. Der Lorentz-Horizont geht aus ihm durch simple Vertauschung der Dimensionen 5 und 6 hervor: Ebene (4,6) zu Ebene (4,5). Dies aber ist Mathematik. Ihre physikalische Interpretation ist wesentlich umständlicher: Schwere Masse und CMS-Zeit vertauschen sich, Lorentz-Booster und Linearimpuls wechseln sich aus. Im 1-schaligen kosmischen Hyperboloid ändert sich damit der Inhalt des dortigen Q_9 ab, und seine Zeitachse wird substituiert.

Für die 3. Parität P wollen wir auch hier wieder mit der *imaginären* Drehung, diesmal innerhalb der noch verbleibenden Energie-Ebene (5,6), beginnen und deshalb das 2-schalige kosmische Hyperboloid betrachten, das wir aus dem 1-schaligen durch den Übergang zu imaginärem Q_9 erhalten:

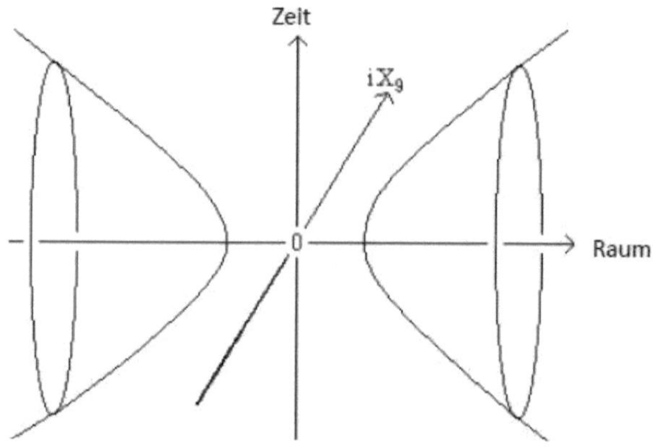

Hier sind positive und negative Raumbereiche sauber voneinander getrennt. (Der Blick auf die Skizze unseres 1-schaligen kosmischen Hyperboloids ist dabei allerdings wenig hilfreich.) So ergibt sich die Zäsur des Ereignishorizontes in der Weltformel erst eindeutig aus dem Übergang der <u>CMS</u>-Raumzeit in den Energie-Impuls – hin und zurück.

Die Zäsur des Lorentz-Horizontes ergibt sich per Vertauschung der konformen Dimensionen 5 und 6 völlig analog. Die Auftrennung durch die räumliche Parität P ist dagegen deutlich aus obiger 2-schaligen Variante des kosmischen Hyperboloids ersichtlich. Die anschauliche Problematik bei Betrachtung einer *reellen* Drehung in der Energie-Ebene (5,6) im 1-schaligen Hyperboloid stattdessen liegt hier i.W. an der Abwesenheit einer entsprechenden Zäsur, verbunden mit der Summation der *mikroskopischen* CMS-Raumzeit zur Strahl-Darstellung der *klassischen* Raumzeit Einsteins – und das auch noch auf beiden Seiten des Ereignishorizontes zu unterschiedlichen Kriterien. Wir vermeiden diesen „Schlamassel" im nächsten Kapitel durch Benutzen der 3 sauber trennenden Indizes m,n,k von oben.

Wie wir bereits sahen, gelangen Kräfte in die Physik, indem wir die zuvor gleichmäßige Punkteverteilung auf der Kugeloberfläche des Reaktionskanals durch Aufreißen, Strecken und Stauchen in die des dynamischen Kanals verzerren. Eine („entropische") **Kraft** ist dann der (negative) Gradient in der neuen Verteilung. Besonders augenfällig wird dieses Verhalten bei der dunklen Energie, die Materie (und Antimaterie) im globalen Maßstab unseres Universums radial nach außen hin beschleunigt.

Ein konkurrierender Effekt ist die Schwerkraft. Überwiegend agiert sie lokal, auf lokale Massenansammlungen. Ein *ausgedehntes* Teilchen wird in einem geschichteten Medium von seinem Lauf geradeaus in Richtung zur dichteren Schicht hin abgelenkt: dort trifft es auf mehr Widerstand, legt also weniger Strecke pro Zeit zurück.

Somit agieren Schwerkraft und dunkle Energie effektiv in entgegengesetzte Richtungen.

Halten wir also im Auge: **Schwerkraft ist eine Ablenkung** vom tangentialen Weg geradeaus zu höherer Dichte hin und **dunkle Energie eine Beschleunigung** in radialer Richtung zu niedrigerer Dichte. Der Radius des Universums ergibt sich asymptotisch grob aus dem Gegenspiel beider Kräfte. Die „internen" Kräfte liefern weitere Beiträge, doch sind ihre Reichweiten wesentlich kürzer (aber stärker). So ergibt sich ein Teilchenradius durch das *entsprechende* Gegenspiel.

22. Das Mater-Mundi-Prinzip

Ist das **Matrioschka**-Prinzip noch eine vage Anregung, dass sich in der Natur auch mannigfaltige Hierarchien unterschiedlicher Größenordnungen miteinander *verschachteln* könnten, so liefert das Mater-Mundi-Prinzip explizit ein Beispiel dafür, wie sich unsere Welt im kosmischen Maßstab tatsächlich ganz konkret als eine Art „**Super-Quant**" in eine „**Überwelt**" gleicher Struktur, in eine „**Mater Mundi**" (lateinisch für „Mutter der Welt"), eingliedern ließe.

Wie in den vorausgehenden drei Kapiteln gezeigt, teilen die 3 Paritäten C, T und P durch ihren Ereignishorizont, ihren Lorentz-Horizont und ihre Kausale Lücke auf der makroskopischen Ebene unsere Welt global in insgesamt $2^{**}3 = 8$ Sektoren auf. Damit zerlegt sich unsere Welt als „Super-Quant" in 8 Komponenten. Ein Multiversum aus einer Vielzahl von Welten wäre dann eine Ansammlung einer Vielzahl an Superquanten, deren jedes sich aus 8 Komponenten zusammensetzte.

Mikroskopisch sind die drei Paritäten jedoch überhaupt nicht kommensurabel; sie bilden, je nach Kanal, eine SU(2)- bzw. SU(1,1)-Konfiguration. Bezeichnen wir deren SO(2,1)-Dimensionen wieder mit 6,5,4, so bleiben die restlichen SO(2,4)-Dimensionen k=3,2,1 davon unbehelligt. Aber schon ein einfacher Lorentz-Booster (5,k) verschmiert die Grenzen der Blöcke, da er über die Vermischung 5 mit k über jenes k diese 5 indirekt auch in den Linearimpuls (6,k) und in den CMS-Ort (4,k) hineinschleust.

Letztendlich vermischen sich so auch die eigentlich getrennten 3 Paritätsbereiche wieder miteinander. Anders ausgedrückt: Ihre $2^{**}3 = 8$ Komponenten sind nicht wirklich unabhängig voneinander; sie bilden einen „**irreduziblen**" Supervektor in 8 Dimensionen! In der Teilchenphysik bezeichnet man ein Teilchen, dessen Ausdehnung zu gering ist, als dass man sie messen könnte, gern als „Punkt-

Teilchen", das also all seine Eigenschaften pro Super-Komponente nur zu jeweils einen einzigen (Brutto)Wert kumuliert.

Somit würde unser „Supervektor" aus „höherer Sicht" wieder zu einem ganz gewöhnlichen Vektor degenerieren. Ein einzelner Vektor dieser Art ließe sich aber drehen, sodass er in genau eine der 8 Richtungen wiese. Je nachdem, um welche der 8 Richtungen es sich handelte, hätten wir es (bei diesem neuen Koordinatensystem) mit 8 Typen solcher „Super-Quanten" zu tun.

Diese individuelle Drehung wird aber nicht alle Super-Quanten zugleich „diagonalisieren": Andere Super-Quanten werden in andere Richtungen weisen; sie brauchen ihre eigenen Drehungen. Quantenmodelle führen hierzu ein Konzept der „**Ununterscheidbarkeit**" ein. Es bedeutet, dass die *Komponenten* aller Super-Quanten zur selben globalen Richtung (bis auf Normierungen) gleichbehandelt werden.

Dieses Ununterscheidbarkeits-Postulat stellt jedoch ein **philosophisches Problem** dar. Es bedeutet für alle Komponenten <u>derselben globalen Klasse</u> (Klasse = Typ), abgesehen von ihrer Normierung, eine ausschließlich **symmetrische** Behandlungsweise.

Mathematisch heißt dies, dass alle „gleichen Super-Quanten" <u>in den 8 Klassen getrennt</u> betrachtet werden, so als wären sie alle einem **Auswahlprozess** unterworfen gewesen, gemäß dem sie sämtlich ohne Beachtung der Reihenfolge in einer Reihe aufgestellt waren. („Man nehme 2 gelbe, 9 blaue, 5 rote und 3 grüne Murmeln aus dem Beutel." Nur die Reihenfolge <u>der Farben</u> wird beachtet.)

Young-Tableaux behandeln diese Problematik in ihren erweiterten Spin-Additions-Theoremen. Nur, die klassischen Funktionentheoretiker drücken sich gern um diese gruppentheoretische Problematik. Für sie existieren häufig nur völlig symmetrische „Boson"-Darstellungen (**Bose-Einstein-Statistik**) und völlig antisymmetrische „Fermion"-Darstellungen (**Fermi-Dirac-Statistik**); gemischt-symmetrische Strukturen sind für sie ein rotes Tuch. Für die Teilchen-physik ist dieses „Spin-Statistik-Theorem" allerdings irrelevant (vgl. unser Kapitel 38).

Mit Erfindung der „2ten Quantisierung" hatte das „Standard"-Modell der Teilchen das Spin-Statistik-Theorem auch in die Teilchen-physik übernommen. Nun genügen Baryonen nach Gell-Mann aber einer *gemischten* „internen" Symmetrie. Also erfanden die Funktio-nentheoretiker zwecks „Korrektur der Natur" extra eine Quanten-zahl „Colour". Mit dieser Methode, dem Spin-Statistik-Theorem künstlich Leben einzuhauchen, führten sie allerdings überflüssige Singularitäten ins Dirac-Modell ein. Die QG vermeidet solche ge-künstelten Symmetrievorlagen. (In ihr gehorchen Fermionen dem „Schalenmodell".)

Vom Prinzip her werden diese Super-Quanten alle unterschied-lich groß sein. Langzeit-Kollisionen werden diese Größen aber sta-tistisch weitgehend nivelliert haben. Obige Symmetrisierung „glei-cher" Super-Quanten untereinander dürfte ihnen dann den Rest an „Gleichheit" vermittelt haben. „Gleichartige" Super-Quanten wer-den dergestalt faktisch tatsächlich ununterscheidbar geworden sein.

(Um Verwechselungen vorzubeugen: All solche statistischen Aus-gleichseffekte sind *keine zeitlich* ablaufenden Effekte mit entspre-chenden Reaktionszeiten, sondern sie laufen gemäß Bells Superde-terminismus als Konsistenz bedingende Effekte *zeitlos,* sofort ab!)

Den gleichen Effekt werden wir auch eine Hierarchie weiter un-ten erwarten: Unsere ursprünglichen, einfachen Quanten werden als „Super-Quanten" einer nächst-tieferen Detaillierungs-Stufe, von der die Experimentalphysik zurzeit noch nichts ahnt, nach der glei-chen Methode aneinander adaptiert worden sein. Dieser Nivellie-rungsprozess ist allerdings, wie gerade erwähnt, kein zeitlich ablau-fender Prozess – Zeit wird ja erst durch die Quanten *generiert!* –

sondern ein abstrakterer, Konsistenz erzeugender Prozess im Sinne von Bells Superdeterminismus.

Nun lassen sich aber die 3 Paritätsdoppelungen in unserem Universum schlecht gegeneinander abtrennen: Werfen wir z.B. den Bereich hinter dem Ereignishorizont hinaus, so fehlt uns der Gravitationseffekt der schwarzen Löcher auch in unserem Teil des Universums!

23. Quark Confinement

Alle **3 Paritäts-Doppelungen** müssen also stets für <u>jeden</u> der 8 Super-Quanten vorhanden bleiben. Übertragen auf eine Hierarchie tiefer, unterhalb unserer eigenen Quanten, hin zu unseren Quanten, liefert dies gerade das berüchtigte „**Quark Confinement**" als implizite Irreduzibilitätsbedingung *unserer* Welt: Quanten (mit gleichen k) dürfen nur zu dritt (und Vielfachen davon) auftreten.

Das Quark Confinement ist also unmittelbare Folge der 3-fachen Schachtelung dynamischer U(1,1)-Spinoren zur $2^{**}3 = 8$-Dimensionalität unserer Welt. Erst diese 3 (untrennbaren) Paritäten vervollständigen Einsteins nur 4-dimensionale Welt zu der Welt, in der wir wirklich leben. Pikanterweise übertragen sich diese Paritäten zu uns, wie gezeigt, aus einer Etage *unterhalb* unseres eigenen Matrioschka-Niveaus, sind also überraschend Zeugen aus einer anderen Welt.

Auf unserem Niveau identifizieren wir sie dann in Form zusätzlicher „**interner**" **Parameter** l,r,t – „zusätzlich" zu den m,n,k unserer eigenen, bisherigen Spinoren (s. Kapitel „Die Kausale Lücke"):

$$a_{mnk} \quad \rightarrow \quad a_{mnk;lrt} \, .$$

Jeder dieser Parameter m bis t hat 2 Werte: „up" und „down". Für den gewöhnlichen Spin, m, ist uns das geläufig. n verdoppelt zum Dirac-Spinor, und die beiden k-Werte verdoppeln zur QG. Das neue „l" identifizieren wir z.B. entsprechend als „**Isospin**". Diese Verdoppelung der Anzahl Indizes von 3 auf 6 liefert uns eine Konfiguration der Dimension $8 \times 8 = 64$. Im dynamischen Kanal ist dies eine U(32,32). Unsere Welt stellt offenbar eine „interne" Singlett-Komponente dar.

Je nachdem, welche dieser zeit- bzw. raum-artigen Dimensionen wir jeweils zur 2-dimensionalen Unterkonfiguration zusammenfassen, kann sich für jeden dieser Indizes eine U(2) oder U(1,1) ergeben. A priori wissen wir das nicht, sind bis dahin also auf einen Ansatz und den Vergleich mit dem experimentellen Befund angewiesen.

Sehr wohl aber wissen wir aus unserer eigentlichen QG, dass die Teilchenzahl – dort repräsentiert durch den Index k – für ein Meson wie das Graviton (oder Photon, oder Pion, …) =0 sein muss. Da in der QG jedes Quant mit (plus oder minus) einer Einheit zu Buche schlägt, sollten sich die „internen" Parameter für das Graviton insgesamt also zu einem „internen" Singlett zusammenfinden.

Nun bildet dieses Triplett an „internen" Parametern, unter dem Gesichtspunkt ihrer Index-Anordnung innerhalb eines Quants betrachtet, eine 3-dimenionale Mannigfaltigkeit, die sich in Form einer SU(3) organisieren ließe. Und jetzt wird es mathematisch „haarig"; der ungeschulte Laie sollte diese Passage eher überlesen. Der Experte findet einige Details dazu am Schluss von Kapitel 30:

Das verlangte SU(3)-Singlett stellt sich in der Gruppentheorie als total antisymmetrische Anordnung dar, die sich mathematisch (S-Gruppe!) aber auch äquivalent als sog. „Trace-Singlett" darstellen lässt, wie es die Älteren unter uns sicher noch bestens aus den Anfängen von Gell-Manns Quark-Modell in Erinnerung haben. Zu seiner Zeit waren nur 3 Quark-Typen bekannt. Nun denkt man sich ein („übliches") Meson aus einem Quark und einem Antiquark zusammengesetzt.

In Gell-Manns altem SU(3)-Modell ergab dies also 3x3 = 9 Mesonen: ein Oktett plus eben solch ein „Trace-Singlett". Die 8 Mesonen des Oktetts ergaben sich aus dem ursprünglichen 9-er-Produkt durch Subtraktion von 1/3 der Einheitsmatrix. Genau dieses subtrahierte 1/3 ist es, das nun letztendlich zur Drittelung einiger der „internen" Quantenzahlen führt wie z.B. bei der Teilchenzahl eines Quants.

Die 8 diagonalen „internen" Quantenzahlen werden üblicherweise zu Paaren entgegengesetzter Werte zusammengefasst. Sub-

traktion des Trace-Singletts von dem Paar (+1,−1) ergibt (+2/3,−4/3). Mit dem Faktor 1/2 gehen also die Spin-Komponenten (+1/2,−1/2) in (+1/3,−2/3) über − die bekannten Ladungswerte der elektrodynamischen Wechselwirkung aus dem „Standard"-Modell der Elementarteilchen (ggf. bis auf Vorzeichen und Reihenfolgen).

So viel zur *Existenzbegründung* des **Quark Confinement**s, das sich demnach als weitere **Konsistenzbedingung für die Irreduzibilität** einer Darstellung entpuppt. (Seine Aufgabe ist es z.B. zu verhindern, dass Schwarze Löcher künstlich aus unserer Teilwelt abgetrennt werden.)

Zu seiner technischen Durchsetzung siehe Kapitel 25. Schon seine theoretische Existenzbegründung ist aufgrund ihrer gruppentheoretischen Doppelstruktur − 8 Komponenten für die QG, aber nur 3 für die Anzahl „interner" Indizes − reichlich schwer durchschaubar. So dürfte es kein Wunder sein, warum das Quark Confinement für die auf wirtschaftliche Effektivität getrimmte offizielle Literatur bis heute ein ungelöstes Rätsel ist, dessen saubere Entschlüsselung erst der QG vorbehalten blieb.

24. Vereinheitlichte Feldtheorien

Wie wir gerade sahen („Quark Confinement"), ignorierte die bisherige Beschreibung unserer Quanten noch das **„interne" Oktett** der 3 Paritäts-Doppelungen. Jedes Quant der QG muss in jeweils 8 „internen" Varianten auftreten. Damit steigt die Gesamtzahl an Dimensionen, wie schon erwähnt, von 8 in der QG auf 8x8 = 64 in der „**Neuen Physik**", die Anzahl ihrer Generatoren also von 8x8 = 64 auf 64x64 = 4096. In Form einer quadratischen Anordnung wäre das:

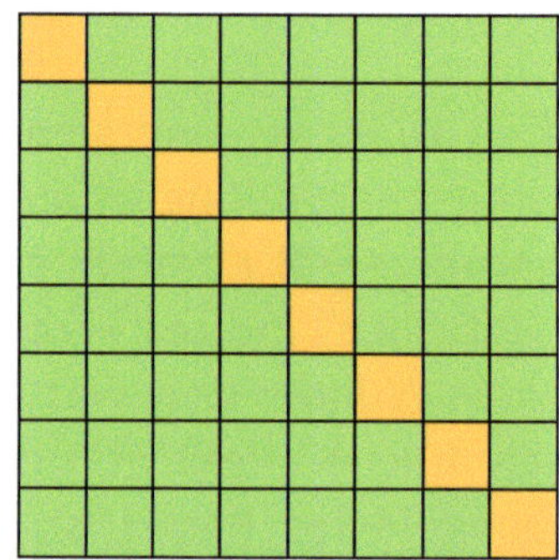

Die Diagonalplätze (in Gelb) geben die so erzeugten 8 voneinander unabhängigen „internen" Quantengravitationen an:

$$U(8)_1 \oplus U(8)_2 \oplus U(8)_3 \oplus \ldots \oplus U(8)_8 \subset U(64).$$

Die Gesamtzahl Ihrer Generatoren beträgt insgesamt also 8x(8x8) = 512. Die übrigen 4096–512 = 3584 Generatoren (in Grün) verknüpfen die 8 „internen" Quantengravitationen miteinander, *überführen* sie also ineinander. Insgesamt bilden die 4096 (grünen + gelben) Generatoren die „**Große Vereinheitlichte Feldtheorie**" (englisch:) **GUT** aller „internen" Kräfte der Natur.

Jenes zusätzliche Konfigurationsmuster der „internen" Quantenzahlen garantiert, wie schon ausgeführt, das gemeinsame Auftreten aller 3 Paritätsdoppelungen dadurch, dass gewisse Quantenzahlen gedrittelt werden – genauer gesagt: einige Paare (+1/2,–1/2) gehen, bei geeigneter Normierung, in Paare **(+2/3,–1/3)** über. Dies ist die Form, in der das „Quark-Confinement" einst bekannt wurde.

Andererseits, sahen wir, spaltet diese Drittelung aber auch eine zusätzliche, 9te QG als „internes" Singlett von dem GUT-Oktett ab. In der Literatur wird eine Kombination „interner" Kräfte (also unseres Oktetts) mit der Gravitation (unserem Singlett) etwas hochtrabend als „**Theory of Everything**" (**ToE**) bezeichnet.

Die Literatur wird, wie gesagt, von den *Funktionentheoretikern* beherrscht – und Einsteins *Differenzialgeometrie* ist ja nur ein Teilgebiet davon. *Unendlichkeiten* sind ihr tägliches Brot. Konfigurationen werden üblicherweise mit „*Symmetrien*" verwechselt. In diesem Sinne wird die GUT dort nur als *asymptotische* Eigenschaft für hohe Energien gehandelt. So gelang es zwar, die elektromagnetische Kraft mit der Schwachen Kraft zu korrelieren, und die Hoffnung geht dahin, auch bald die Starke Kraft experimentell mitanzubinden; aber die Einbeziehung der Gravitation erscheint (dort) hoffnungslos.

Im Gegensatz dazu kommt *unsere* GUT von oben ohne Asymptotik aus; die diversen Kräfte gehen durch einfache Drehungen im Rahmen einer U(64) bzw. U(32,32) auseinander hervor – die Gravitation inklusive. Der Rest ist dann „nur" noch eine Normierungsfrage. –

Hinweis an den Fachmann: Auch die Paritäten der QG lassen sich analog auf das „interne" Oktett übertragen; zur Unterscheidung wollen wir die neuen T und C mit T' bzw. C' bezeichnen. Entsprechend den Pauli-Matrizen 1 und 2 unterscheidet die Teilchenphysik 2 Typen an Produkten. Sie heißen dort

Hermitesche Konjugation: $T \otimes T'$, $C \otimes C'$.

In der QG verknüpfen T und C jeweils die beiden Bereiche diesseits und jenseits des Ereignishorizontes bzw. des Lorentz-Horizontes miteinander. In der Teilchenphysik repräsentiert C auch Diracs Gamma-Matrix null beim Skalarprodukt der Vektorrechnung. T' und C' erledigen das gleiche eine Hierarchie tiefer, unterhalb unserer „Quanten".

25. Reichweite-Horizonte

Eine Dichte ist eine Anzahl von Elementen pro zur Verfügung gestelltem Platz (linear also: 1/r-Gesetz). In der Neuen Physik sind diese „Elemente" schlicht Quanten (der betrachteten Art). Dies ist die **mikroskopische** Sichtweise. Bezüglich dieser Sichtweise definiert sich eine Kraft als negativer Gradient (**abstoßend**e, **entropische Kraft**definition). Beispiel wäre die dunkle Energie.

Makroskopisch verbinden sich diese Quanten z.B. zu Elementarteilchen. Per CMS-Generator (3,4) hat solch ein Verbund eine „Ausdehnung". Zerrt man an einer Ecke davon, so zieht man den ganzen, trägen Verbund hinterher. Verteilt sich dieser Verbund über Zonen unterschiedlicher Dichte, so befindet sich das Gros der Quanten normalerweise in anderen Zonen als das eine herausgegriffene Quant. Makroskopisch resultiert eine Kräfteverteilung.

Geschichtete Zonen *drehen* den Verbund, sodass dieser seine Laufrichtung von Zonen geringerer Dichte hin zu Zonen höherer Dichte verändert. Diese betreffende, *periphere* Scheinkraft entgegengesetzt zur Entropie-bedingten *radialen*, abstoßenden Kraft ist diejenige, die wir **makroskopisch** als **anziehend** interpretieren. Beispiele wären die Gravitation oder auch die kohäsive Wirkung von denjenigen Kräften, die ein Elementarteilchen zusammenhalten.

Zu letzteren Kräften gehören auch die sogenannten „internen" Kräfte der Natur, zu denen die elektromagnetische Kraft und die Kernkräfte gehören, also unsere Oktett-Kräfte. Ihre mikroskopisch nach außen gerichteten Kräfte wandeln sich im makroskopischen Verbund zu effektiv nach innen gerichteten Kräften.

Ihre äußere Begrenzung ist die gravitative Reichweite der Schwerkraft, also die Größe unseres Universums. Die Dichte beteiligter Quanten an der betreffenden „internen" Kraft ist dann ihre (effektive) Anzahl dividiert durch die Größe unseres Universums.

Andererseits ist diese „Anzahl" ein Maß für die Reichweite dieser Kraft. Damit ergeben sich für Kräfte unterschiedliche **Reichweite-Horizonte**.

Der effektive Radius eines Teilchens hängt demnach vom betrachteten Krafttyp ab. Für die Gravitation als unserem „internen" Singlett tragen sämtliche Quanten (mit dem gleichen Vorzeichen) bei. Die 8 „internen" Oktett-Kräfte dagegen resultieren aus einer 3-fachen Horizont-Schachtelung (2**3 = 8). Denken wir uns sämtliche Quanten bezüglich ihrer 8 Ladungstypen diagonalisiert, so werden wir große Dichten (Reichweite-Horizonte) etwa für die „internen" Quantenzahlen Q (elektrische Ladung) und T („Trialität" = „starke Kernladung) finden, aber kleinere etwa für die noch zu definierenden Λ oder E.

Bei der Reichweite ist jedoch zu beachten, dass sich ein Kraftfeld aus 2 Faktoren zusammensetzt. Von der Schwerkraft oder auch von der elektrischen Coulomb-Kraft her kennen wir ihre reziproke Abhängigkeit vom Quadrat des Abstandes, die sich aus dem Potenzial (= Dichte) 1/r ergibt. Hinzu kommt aber noch (Lösung der „Klein-Gordon-Gleichung") ein exponentieller Faktor, der von der Masse des Austauschteilchens (Graviton, Photon, Pion usw.) der betreffenden Kraft herstammt:

$$\text{Yukawa-Kraft:} \quad K \sim \pm \frac{1}{r^2} \cdot e^{-m \cdot r} \quad \text{(mit } c = 1 = \hbar \text{)}.$$

Die entsprechende Yukawa-Kraft ist eine Näherung an diese Größenverhältnisse. Für massive Austauschteilchen gilt als Reichweite-Definition der Kraft die Yukawa-Breite, für masselose Teilchen wie das Photon die (unbegrenzte) Coulomb-Weite. Als Übergangswahrscheinlichkeit fungiert hingegen ein reiner „Clebsch-Gordon-Koeffizient". Beim **Graviton** spricht dessen winzige Kopplung für das *Vorhandensein* einer sehr, sehr **kleinen Masse**.

Die Stärke einer Kraftwirkung hängt von ihrem Dichtegradienten ab, bei einer Yukawa-Kraft also von ihrer Peak-Breite. So ist die Wirkung (innerhalb ihres Reichweite-Horizontes) für seltenere Quantentypen stärker, und für geläufigere Typen schwächer. (Dazu muss ich schon kurz auf das nächste Kapitel vorgreifen. Nach ihm reduzieren sich die Reichweiten der Oktett-Kräfte noch einmal drastisch.) So wird die **Gravitation** als „internes" Singlett, das auf alle Quanten zugreift, im Einklang mit dem Experiment zur mit Abstand **schwächsten** aller **Kräfte**.

Das Graviton, dessen experimentelle Entdeckung *als Teilchen* zurzeit noch aussteht, trägt per Definition (!) keinerlei Oktett-Kräfte. Hier stellt sich das typische Henne-Ei-Problem: Bestimmen die Kräfte das Teilchen-Spektrum, oder bestimmt das Teilchen-Spektrum die Krafttypen? Die Frage ist noch ungelöst. Zurzeit neige ich persönlich zu folgender Auffassung:

Die GUT definiert über ihre ToE-Fassung die Einbettung von 9 = 8+1 (miteinander kommensurablen) Varianten der QG, deren jede für sich, unabhängig von den anderen, durch ihren linearen Casimir-Operator je eine spezifische, „interne" Quantenzahl trägt; für das (Spur-)Singlett heißt diese Quantenzahl „**Teilchenzahl**", für die verbleibenden 8 Oktetts „**Ladung**". Summe und Differenz je zweier dieser Nonetts miteinander bilden einen Chiral-Verbund, wie er uns z.B. aus der **minimalen Kopplung** der Elektrodynamik an die gewöhnliche Dynamik geläufig ist.

Unter Einschluss des dynamischen Singletts besteht dieser Verbund insgesamt also aus **9 chiralen Komponenten** *(vgl. Kapitel 30, speziell die dortige Matrix U, die die 8 Oktett-Darstellungen in die Chiral-Darstellungen umrechnet und dabei das Singlett gleich huckepack mitnimmt;* [8] *stellt diese dann mit den experimentell beobachtbaren Kombinationen in Beziehung, wie sie in unserem Kapitel 30 niedergelegt sind).*

Gemäß dem vorigen Kapitel ver-4-facht sich — unter Einschluss der „internen" Strukturen — jeder der 4 (C,T)-Quadranten noch einmal. Für jeden dieser nun 16 (CxC',TxT')-Quadranten unserer chiralen U(32,32) ergibt sich somit eine chirale QG der Art U(4x8,4x8), deren Teilchengehalt Bells Superdeterminismus konsistent erfüllen muss. In diesem

Sinne legten die 8 bis 9 Krafttypen primär das sekundäre Teilchen-Spektrum fest, und es wäre Aufgabe der Theoretiker, die noch fehlenden Nebenbedingungen schlüssig und im Einklang mit dem Experiment zu identifizieren.

Dabei könnte sich durchaus herausstellen, dass das _eine_ Graviton vom Spin 2, von deren Existenz die Theoretiker zurzeit ausgehen, als solches überhaupt nicht existiert und seine Eigenschaften lediglich als Sammeleffekt aus ganz anderen Details der QG resultieren. Analog steht das Photon als „der" Vermittler der Elektrodynamik zur Disposition. Allgemein-relativistisch könnte die Neue Physik ein ganzes Spektrum an Zuständen produzieren, die die Eigenschaften der Elektrodynamik in Brutto reproduzieren – zusätzlich zum Photon!

Zu den Yukawa-Potenzialen addiert die Weltformel der QG noch eine Nicht-Lokalität in Form eines linearen **Oszillator-Potenzial**s, das im Kraftzentrum verschwindet und ein Teilchen mit der Entfernung von ihm bis zur Lichtgeschwindigkeit beschleunigt. Bei Abstoßung reißt es den Verbund hinter seiner effektiven Reichweite auseinander. (Wir kennen diesen Effekt bereits vom Passieren des Ereignishorizontes eine Hierarchie höher.)

Materie, die einen dieser ladungsspezifischen Horizonte als eigenständiges Teilchen verlassen will, muss alle Ladungen des betreffenden Ladungstyps zu null aufaddieren; damit verschwindet der Angriffspunkt dieser speziellen Kraft. Für ein Baryon, bestehend aus 3 Quarks mit den Ladungen $T = +2/3$, $-1/3$ und noch einmal $-1/3$ der „starken" Kernkraft (vgl. Kapitel 30) ist dies gerade der Fall. Aus ihm schloss man, historisch gesehen, überhaupt erst auf die Existenz eines Quark-Confinements, das die QG dann (s.o.) als Irreduzibilitätsbedingung identifizierte. – Ein weiterer Rückschluss ergab sich über den stets ganzzahligen Wert der elektrischen Ladung Q für Teilchen: Ohne dieses Quark Confinement bezüglich T ergäben sich auch gedrittelte Werte für Q.

Schließlich definierte das „Standard"-Modell der Elementarteilchen alle Teilchen – soweit man sie historisch allein über die 3 Werte von N, T und Q (neben dem Isospin und „Flavours") als zusammengesetzte Strukturen, rein aus „Quarks" bestehend, interpretieren konnte – als **Hadronen**.

Leptonen, das Photon, das Graviton, die W-Mesonen und viele andere Teilchen würden zu ihrer Definition noch weitere Ladungs-Typen benötigen; das „Standard"-Modell sondert sie deshalb aus: sie setzten sich angeblich *nicht aus Quarks* zusammen. Nun ja, die QG beweist das Gegenteil: <u>alle</u> Materie, ob „dunkel" oder „hell", besteht <u>nur</u> aus Quanten und aus nichts weiter.

26. Wie Teilchen aus Dunkler Materie auskondensieren

Wie immer unser Universum aus dem Billard-Spiel von Quanten und Universen aus diesen hervorgegangen sein mag – im Idealfall, mikroskopisch, sollte es (formal) Komponente einer irreduziblen Darstellung der Quanten sein. Eine solche Komponente setzt sich aus jeweils soundso vielen Quanten des Typs sowieso zusammen. Je nach Diagonalisierungsrichtung könnte es auch die Form einer irreduziblen Überlagerung solcher Komponenten ein und *derselben* irreduziblen Brutto-Darstellung annehmen.

Bei nur 8x8 = 64 Typen an Quanten wird sich das Gros ihrer unvorstellbar großen Menge lokal zwangsläufig auch zu Singletts zusammenfinden. Die durch 2 teilbare Dimension des Universums gestattet es, solch ein Singlett bereits aus einem einzelnen *Quantenpaar* zu stricken, indem wir jeweils Partner miteinander multiplizieren, deren 64 (lineare) Quantenzahlen jeweils gleich sind, aber entgegengesetztes Vorzeichen tragen *(technisch Realisierung: in der QG über eine Verknüpfung per Ladungskonjugation C, im Dirac-Formalismus per Matrix Gamma-null).* Ein Singlett erhalten wir daraus mathematisch durch gegenseitige Aufsummation aller 8x8 Paartypen dieser Art.

Summieren wir aber paarweise nur über die 8 „internen" Variablen hinweg, nicht aber gleich mit auch über ihren Dirac-Gehalt, so bleiben letztendlich nur die (2+2)x(2+2) = 16 Kombinationen von Diracs a- und b-Spins (summiert über die 8 „internen" Varianten) übrig:

$$a^+_{i'}b^+_{i''}\,,\ a^+_{i'}a^-_{i''}\,,\ b^-_{i'}b^+_{i''}\,,\ b^-_{i'}a^-_{i''}\,.$$

Doch was bedeuten diese 4 Paartypen physikalisch? Formal sehen sie wie Teilchen aus; doch fehlt ihnen der Nicht-Valenzteil (s.u.).

Insofern *sind* es **keine Teilchen**. Zur Erinnerung: Raumzeit und Impuls sind in der QG *makroskopisch* definierte Größen, die erst durch statistische Überlagerung (Gesetz der großen Zahl) messbar werden!

Nun sind die Quantenzahlen der QG von recht unterschiedlicher „Starrheit": Einige lassen sich experimentell recht einfach ändern – ihre 3 Raum- oder Impuls-Werte, z.B. – andere dagegen, wie z.B. die Leptonzahl, praktisch gar nicht. Die beiden Spin-Richtungen lassen sich gewöhnlich relativ einfach ineinander umklappen. Erweitern wir obige 4 Paartypen noch um ihre Spin-Abhängigkeit, so vervielfacht sich ihre Anzahl um den Faktor 2x2 = 4 von 4 auf 4x4=16.

Das Charakteristikum dieser 16 Typen von Paarquanten ist:
- Sie sind **gravitativ aktiv**: die Hälfte von ihnen besitzt (plus bzw. minus 2 Einheiten an) **Energie**.
- Sie sind **polarisierbar**: sie bilden je 4 **Spin**-Singletts plus 4 Spin-Tripletts.
- Analog tragen sie auch 4 Varianten des <u>CMS</u>-Raumes; doch Einsteins konventioneller Raum Q/M ist nicht diagonal, da das Gesetz der großen Zahl auf nur 2 Quanten (in Q bzw. in M) nicht anwendbar ist. Somit sind die 16 Typen **nicht lokalisierbar**.
- Trotzdem sind aber **größere Ansammlungen** von ihnen mitunter **näherungsweise lokalisierbar**.

All diese Punkte zusammen stellen genau das dar, was in der Astronomie unter der Bezeichnung **dunkle Materie** subsummiert wird. Jene 16 Typen bilden somit die elementaren Basis-Bausteine der dunklen Materie, wie sie durch die Casimir-Operatoren 3ter und 4ter Ordnung der Weltformel im Rahmen von Diracs 4 (dynamischen) Dimensionen global definiert sind. Mit dem Gesamtdrehimpuls und Gesamt-Booster

$$\vec{\tilde{L}} \equiv \vec{L} + \vec{X} \times \vec{P},$$
$$\vec{\tilde{M}} \equiv \vec{M} + \left(\vec{X}P_0 - X_0\vec{P}\right)$$

lauten die führenden Terme der beiden Casimirs nämlich

$$C^{(3)}_{SU(2,2)} \propto \left(\vec{\tilde{L}} \cdot \vec{\tilde{M}}\right) M_0 \quad + \dots ,$$

$$C^{(4)}_{SU(2,2)} \propto \left(\vec{\tilde{M}}^2 - \vec{\tilde{L}}^2\right) M_0{}^2 + \dots .$$

Verringern sich also Gesamtdrehimpuls und Gesamt-Booster, dann wächst die schwere Masse an, bzw. umgekehrt. Praktisch lassen sich diese eher abstrakten Änderungen über obige 16 Typen von Paarquanten der dunklen Materie (s.o.) oder auch über die Nicht-Valenzteile (s.u.) nachvollziehen.

Die Bildung dunkler Materie beendet sich automatisch, sobald der erste der 8 „internen" Typen an Quanten aufgebraucht ist, weitere neutrale Bausteine der 4x4 Typen aus obiger Tabelle also nicht mehr neu bildbar sind. Dieser Zustand wird erreicht, sobald alle 4 Dirac-Komponenten zu ein und demselben „Intern"-Typ von Quanten nicht mehr verfügbar sind. Die uns zugängliche Welt besteht dann außerhalb der dunklen Materie nur noch aus 64–4 = 60 unterscheidbaren Quanten.

Trotzdem lassen sich aber weiter „intern" neutrale Quantenpaare bilden; nur sind sie nicht mehr 8-dimensional aufsummierbar. Sehen wir auch noch von diesen ab, dann bleiben nur noch kompliziertere Konstruktionen übrig; diese bilden die **Valenzteile** von Teilchen. Die „intern" neutralen Quantenpaare, die nicht von der dunklen Materie absorbiert wurden, lagern sich nun, wie Wassermoleküle in der Erdatmosphäre an Schwebestaub, an diese Valenzteile als Kondensationskeime an (Dipol-Effekt).

Sie bilden die Nicht-Valenzstrukturen der Elementarteilchen, die nun aus Wolken dunkler Materie ausregnen. So wie ein Kristall auch ausnahmsweise Edelgas-Einschlüsse enthalten kann, so wird ein Nicht-Valenzteil mitunter auch leichte Einschlüsse dunkler Materie mitumfassen.

Ein Elementarteilchen stellt somit einen Verbund aus Valenz- und Nicht-Valenzteil dar. Soweit ein Teilchen überhaupt als irreduzibel betrachtet werden darf (s. Kapitel 13), bilden ein Nicht-Valenzteil und ein Valenzteil beide zusammen kein einfaches Produkt, sondern einen irreduziblen Zustand (der solche Produkte nach gewissen, mathematischen Regeln aufsummiert, s. Kapitel 6).

Die Messbarkeit von Raumzeit, Masse und Impuls in Einsteins konventionellem Sinne bedingt eine riesige Anzahl von Quantenpaaren pro Teilchen. Dennoch wird der Anteil „sichtbarer Materie" der dunklen Materie gegenüber per Konstruktion (als „Rest") gering ausfallen (Dominanz „dunkler" über „sichtbare" Materie).

27. Das salzige Universum

Ein Teilchen ist die Ansammlung einiger weniger Valenzquanten innerhalb einer riesigen Anzahl Nicht-Valenzquanten. Letztere sättigen sich bezüglich ihrer „internen" Eigenschaften in Paaren gegenseitig ab. Mathematisch organisieren sie sich in Form von Young-Tableaux.

Teilchen stellen eine Zwischenstufe zwischen Quanten und Universen dar. Ihre Komponenten bilden im Nicht-Valenzteil „intern" neutrale Unterstrukturen ihrer Tensor-Indizes aus. Eine Ebene höher, auf dem Niveau von Universen, entspräche dies der paarweisen Absättigung von Universen bezüglich ihrem Paritätsverhalten gegenüber allen 3 Paritäten C, T und P. Darüber hinaus häufen sich diese Paritäts-Paare von Universen zu sogar noch weit zahlreicheren Ansammlungen analog zu den Young-Tableaux eine Etage tiefer an.

Sofern die Physik auf dieser höheren Ebene die gleiche ist wie in unserer eigenen Welt, gelangen wir insgesamt also zu der Aussage, dass unser Universum, einschließlich seiner Schwarzen Löcher und den Bereichen vor dem Urknall, Teil eines engen Multiversums sein sollte, in das wir eingebettet sind.

Experimentell bedeutet dies, dass zwar einerseits die dunkle Energie durch die endliche Größe unseres eigenen Universums eine Krümmung des Raumes belegt, andererseits aber die kosmische Hintergrundstrahlung von 3° K, die wir aus allen Richtungen empfangen, von derjenigen aller uns umgebenden Universen überlagert wird. Ähnlich wie im Inneren eines Kochsalzkristalls mit seinen periodisch abwechselnden Ladungen erschiene uns dann die fernere Welt um uns herum als im Mittel gleichmäßig, ungekrümmt.

Genau diese Flachheit des Raumes ist es, was uns die Astronomie verkündet: Die gemessene **Flachheit des Raumes** auf lange Distanz bei nachgewiesener Raumkrümmung unseres eigenen Universums innerhalb seiner Grenzen **ist experimentell ein Indiz für** seine Einbettung in ein weit größeres **Multiversum**.

Die theoretisch asymptotische Ausdünnung unseres Universums nach außen hin zieht es, bei Übertragung auf jene umgebenden anderen Universen, in Übereinstimmung mit dem Experiment, nach sich, dass die auf unser eigenes Universum von außen einfallende Hintergrundstrahlung ihr Frequenzspektrum weitgehend beibehält und keine zusätzlichen Beiträge zur Doppler-Verschiebung liefert.

Was wir als Hintergrundstrahlung insgesamt empfangen, das ist demnach als Überlagerung von Beiträgen aus einer Vielzahl individueller, uns umgebender Universen zu deuten! Im Vergleich zur Abmessung unseres eigenen Universums muss uns diese gigantisch weite Umgebung wie unendlich groß erscheinen. Dies bedingt die effektiv als flach gemessene Gesamtstruktur des innerhalb des Multiversums durch die Hintergrundstrahlung gegenüber der per Entfernungsmessung als gekrümmt gemessenen Teilstruktur innerhalb unseres eigenen Universums.

In der Kosmologie läuft diese Art von Multiversum-Struktur unter der Bezeichnung **ewige Inflation** (eternal inflation) und wird dort nicht statisch per Young-Tableaux, sondern dynamisch als sich verselbständigende kosmische Inflation unter ständiger Neuerzeugung und Abspaltung von „**Blasen**" als eigenständige Universen interpretiert. Man beharrt also auf seinem unverstandenen Urknall-Modell.

Die aus den Young-Tableaux resultierende annähernd periodische, kristallartige Struktur der einzelnen Universen innerhalb seines Multiversums fehlt im Bubble-Modell der ewigen Inflation. In noch größerem Maßstab müssen wir uns – analog zu den Elementarteilchen in unserem Universum und ihrer Bündelung bis hin zu makroskopischen Objekten – die Verteilung von Universen zu Multiversen einer erster Stufe (Elementarteilchen) und einer Verteilung solcher Multiversen erster Stufe zu Multiversen 2ter Stufe (Moleküle, chemischer „Stoff") usw. vorstellen wie den Sand an einem tropischen Strand: Teilchen bilden Atome, diese Moleküle diese Quarz-Kristalle, die sich dann als Sand über weite Gebiete amorph erstrecken. Aber da existiert ja noch weit mehr auf der Welt als nur diese eine, öde Sandwüste!

28. System natürlicher Einheiten

Unsere U(2,2) enthält genau 4 miteinander kommensurable Richtungen, ausgedrückt durch die O(2,4)-Generatoren (1,2), (3,4), (5,6) und deren linearen Casimir. Die Evolution machte uns über die menschlichen Sinne aber nicht diese für den Reaktionskanal gut nutzbaren mikroskopischen Richtungen primär zugänglich, sondern die sekundären Richtungen (1,2), (3,5), (4,6) nebst dem linearen Casimir für den dynamischen, makroskopischen Kanal. Alle 4 Richtungen wurden historisch unabhängig voneinander normiert.

Die ersten beiden Richtungen, $Spin_3$ = (1,2) und der $Booster_3$ = (3,5), sind die Diagonal-Komponenten der Lorentz-Gruppe SO(1,3). Sie definieren also 2 der 4 Normierungen: das **Plancksche Wirkungsquantum** für den Spin sowie die **Lichtgeschwindigkeit**, die die Normierung des Lorentz-Boosters, (3,5), mit der des Spins, (1,2), in Beziehung setzt. Beide Naturkonstanten, Lichtgeschwindigkeit und die Planck-Konstante, werden in der Grundlagenphysik der Einfachheit halber gern auf 1 normiert:

$$c = 1 = \hbar.$$

Aufgrund der Bilinearität der Generatoren sind mit diesen Normierungen sämtliche 4 Dimensionen 1,2,3,5 der gesamten *Speziellen* Relativitätstheorie frei von weiteren Normierungen. Bleiben noch die beiden Dimensionen 4 und 6 zu normieren. Deren *quantisierte Einheiten* entziehen sich aufgrund ihrer Kleinheit zurzeit noch der experimentellen Bestimmung. Einsteins konventionelle Raumzeit ließe sich versuchsweise auf die Taillenweite des kosmischen Hyperboloids beziehen; die schwere Masse bräuchte einen weiteren Parameter. Energie-Impuls wäre dann als inverse Länge aber redundant.

$$P'_\mu \equiv \frac{1}{\mathrlap{/}{r}}\, P_\mu$$

$$Q'_\mu \equiv \mathrlap{/}{r}\,\mathrlap{/}{q}\; Q_\mu$$

$$D \equiv \mathrlap{/}{q}\; M_0$$

(Links die neu normierten Größen, rechts die alten auf Anzahl einzelner Quanten normierten Größen. D heißt in der Literatur auch „Dilatation".)
Aus der geforderten Kleinheit dieser 3 Parameter sowie der Abwesenheit des blauen Terms in der Klein-Gordon-Gleichung (unten) folgt die Nebenbedingung

$$|\mathrlap{/}{q}| \ll 1/|\mathrlap{/}{r}| \ll 1 \ll |\mathrlap{/}{r}^2 \mathrlap{/}{q}| \,.$$

Nun ist der SU(2,2)-Casimir aus der Weltformel 2ter Ordnung gerade die pythagoräische Summe der 15 Generatoren aus Kapitel 8 (ohne Teilchenzahl und mit einem zusätzlichen Minus-Faktor für die zeit-artigen Terme, vgl. Kapitel 10):

$$C^{(2)}_{SU(2,2)} \equiv + \left(P_0{}^2 - \vec{P}^2 - M_0{}^2 \right) - \left(Q_0{}^2 - \vec{Q}^2 \right) - \left(\vec{M}^2 - \vec{L}^2 \right).$$

Die bisher aufgeschobene 1000-\$-Frage lautet jetzt: Wieso ist bisher noch sonst niemand auf diese simple Identität gekommen?

Die Antwort liegt in obiger dunkel-blauen Tabelle: Nach Einsetzen ihrer 3 orangenen Maßeinheiten addiert obiger Casimir 3 Terme total verschiedener Größenordnungen; niemand hatte sich vorstellen können, dass sie etwas miteinander zu tun haben und Ausgangspunkt für einen gemeinsamen Ausdruck sein könnten! Für Einstein bedeutete das Äquivalenzprinzip (in Rot) eine zusätzliche Eigenschaft getrennt von der SRT (in Lila) – und seine nicht-lineare Raumzeit $X_\mu = Q_\mu/M_0$ hatte den Anschein, etwas noch ganz anderes zu sein!

Somit erklärte Einstein obigen roten Term, gleich null gesetzt, zum Non-Plus-Ultra der Physik. Trotzdem versuchte er, sein Raumzeit-Konzept der SRT mit Hilfe des Äquivalenzprinzips zu einer allgemeineren Form aufzubohren. Doch er musste feststellen, dass sich seine Raumzeit X aus der SRT dabei nicht mehr diagonal halten ließ. Er löste dies multiplikativ durch Einführen einer Metrik, statt einfach die blauen Terme der CMS-Raumzeit zu seinen roten Termen des Äquivalenzprinzips hinzu zu addieren.

Dieser umständliche Umweg gestattete ihm jedoch die Feststellung, dass sein Energie-Impuls und die schwere Masse seines sakrosankt gehaltenen Äquivalenzprinzips über die benutzte Differenzialgeometrie auch auf seine Raumzeit X (in der bekannten Weise) zurückwirken. Die QG benutzt den direkten Weg und setzt einfach obigen Casimir konstant an (Weltformel).

Einstein benutzte die multiplikative Form einer variablen Metrik zur Feststellung, dass die Maßeinheit zu obigem blauen Raumzeit-Term im Verhältnis zu den anderen beiden Termen in Rot und Lila recht klein sein müssten. Der direkte Weg, dies einzusehen, läuft jedoch über die Klein-Gordon-Gleichung, die diesen Term nicht benötigt; somit muss er also vernachlässigbar klein sein. Doch im Nachhinein ist man bekanntlich klüger.

Dieser Casimir zeigt besonders deutlich, wie in der ART ein Zuwachs an schwerer Masse z.B. durch einen Zuwachs an Raum kompensiert werden kann – eine Transformationseigenschaft, die der Speziellen Relativitätstheorie fremd ist. Nur, Einstein verklärte diese einfache Sachlage, indem er auf Irreduzibilität verzichtete und stattdessen viele Zustände reduzibel vermischte, die dann als Brutto-Zustand die erwünschte Eigenschaft unter Inkaufnahme unnötiger Singularitäten innerhalb eines Schwarzen Loches lieferte.

Aufgrund der zusätzlichen Terme in obigem Casimir 2ter Ordnung kann Einsteins Äquivalenzprinzip nicht absolut gelten – wie wir bereits gesehen haben. Seine Definition hängt zu sehr von den relativen Größen der 3 Terme von oben ab. Unsere dunkelblaue Tabelle am Kapitelanfang benutzt sie für unsere menschliche Raumzeit-Region.

Weiter weg in unserem Universum (näher an größeren Massenansammlungen) oder dichter am Entstehungsort virtueller Teilchenzustände (mit Fluktuationen über mikroskopische Ereignishorizonte
hinweg) wird diese Definition Werte liefern, die sich von denen oben
unterscheiden; denn Einstein hatte die Unabhängigkeit der schweren Masse von der trägen Masse nicht wahrhaben wollen.

Für stabile Teilchen nahe am Ereignishorizont verschwinden die
roten und blauen Beiträge zu obigem Casimir. Damit wird der (invariante) quadratische Casimir der SU(2,2) (ohne die Oktett-Kräfte)
dort gleich dem lila Casimir der Lorentz-Gruppe, im spinlosen Fall
also gleich dem (negativen) Quadrat des Lorentz-Boosters.

Die Verträglichkeit unseres 1-schaligen kosmischen Hyperboloids
(Taillenradius positiv) mit dem experimentellen Befund (dunkle
Energie abstoßend) belegt, dass der Spin unseres Universums nicht
verschwindet.

29. Koordinatensysteme

Youngs gruppentheoretischer Formalismus definiert einen Tensor
(**Young-Rahmen**) mit Komponenten (**Young-Tableaux**). Aber ein
Tensor benötigt zu seiner Definition auch ein Transformationsver-
halten. Im dynamischen Kanal der QG genügt dieses einer U(4,4), in
Diracs verkürzter Form einer U(2,2). Solch eine Transformation gestattet die Einführung eines Koordinatensystems. Die QG benutzt
Kartesische Koordinaten (ausgestattet mit einer krummlinigen Metrik aus der Weltformel). Die **Diagonalisierung** eines Quants bedeutet dann eine (pseudo-unitäre) „Drehung" dieses Koordinatensystems unter Wahrung seiner Metrik.

In einer pseudo-unitären Dynamik koexistieren zeit- und raum-
artige Richtungen nebeneinander, während der unitäre Reaktionskanal nur entweder zeit- oder raum-artige Richtungen besitzt. Setzen wir alle Maßeinheiten als gleich an, dann beschreibt der Reaktionskanal eine Kugeloberfläche, und wir könnten über die trigonometrischen Funktionen cos und sin Kugelkoordinaten einführen. Im
dynamischen Kanal wären wir stattdessen auf hyperbolische Koordinaten angewiesen, um über cosh und sinh eine zeit- und eine
raum-artige Koordinate aufeinander zu beziehen.

Diese Funktionen sind gerade die (halbe) Summe bzw. Differenz
zueinander inverser Exponentialfunktionen:

$$\textbf{cos , sin } : \quad \propto (e^{+ix} \pm e^{-ix}) \qquad ,$$
$$\textbf{cosh, sinh: } \quad \propto (e^{+x} \pm e^{-x}) = T \pm 1/T.$$

Anders als bei den trigonometrischen Funktionen oben mit ihren
imaginären Exponenten sind die Exponenten im hyperbolischen Fall
unten reell und die Absolutwerte, T und 1/T, zueinander invers. Bei
Benutzung eines **exponentiellen Maßsystems** – cosh und sinh – anstelle der linearen Skala der Generatoren erhalten wir also ein ge-
eigneteres Maßsystem zur Darstellung einer zeit-artigen Koordinate

gegenüber einer raum-artigen, während sich gleichartige Paare weiter mit ihren trigonometrischen cos vs. sin transformieren.

Als Beispiel diene das kosmische Hyperboloid. Seine hyperbolische Verzerrung nach außen hin äußert sich als asymptotische Abnahme der **Quantendichte** bei Annäherung an die äußeren Bezirke unseres Universums. Die diskrete Struktur seiner Quanten gestattet uns das „Abschneiden" nach Passage seines letzten Quants. Eine völlig analoge Argumentation gilt, wenn wir den **Radius eines Elementarteilchens** bezüglich irgendeines seiner Wechselwirkungstypen nach außen hin bestimmen wollen.

Dieser **Ausdünnungseffekt** ergibt sich aber auch für asymptotisch extrem kleine Distanzen. In diesem Falle ist es der trigonometrische Radius, der bei einer zahlenmäßig begrenzten Menge an Quanten bei dessen hyperbolischer Verkleinerung gegen einen Minimalwert der Quantendichte strebt. (Man vergleiche meine Ausführungen zur makroskopischen Kommutativität an Ereignishorizont und Lorentz-Horizont bei Annäherung an den Nullpunkt unseres Universums.)

Als Endergebnis sollten wir also stets im Auge behalten, dass eine Messung weit außerhalb unserer menschlichen Existenz auf der Erde, ohne dass wir uns dessen bewusst werden, zu wesentlich anderen Skalierungseigenschaften führen kann, nämlich zu exponentiellen Maßeinheiten. Und dieser Ausdünnungseffekt könnte sich sowohl für extrem große als auch für extrem kleine Abstände gleichermaßen einstellen (asymptotisches Hinausschieben (x zu exp[x]) der Grenzen unseres Universums nach außen (Maximum = exp[+x]) gegen plus unendlich bzw. seiner mikroskopischen Erkennbarkeit nach innen (Minimum = exp[−x]) gegen Abstand = null entsprechend x = minus unendlich).

Die damit einhergehende Erkenntnis ist, dass die kontinuierliche Infinitesimalrechnung für einen Zuwachs um dx auf einer x-Achse grundsätzlich erst einmal von einer Gleichverteilung seiner x-Punkte auf seiner Achse ausgeht, während sich die diskrete gruppentheoretische Variante von vorn herein erst einmal um die Abstandsdefinition (Verzerrung) zweier benachbarter, diskreter Punkte zu kümmern hat!

Diese unterschiedliche Betrachtungsweise kann rasch zu unvereinbaren Diskrepanzen in Maßsystemen führen (in obigem Ausdünnungsbeispiel: logarithmisch vs. linear)! So wechselt ein bei kontinuierlicher Betrachtungsweise singuläres Yukawa- oder Coulomb-Potenzial durch den beschriebenen Ausdünnungseffekt im Zusammenwirken mit dem Abschneide-Effekt bei seiner diskreten Betrachtungsweise aufgrund seiner Metrik bei einer nur endlichen Anzahl diskreter Quanten in eine nicht-singuläre Form hinüber.

Zusätzliche (elliptische) Verzerrungen ergeben sich aus der Zusammenfassung unterschiedlich skalierter Koordinaten zu 2-dimensionalen Schalen („Ebenen") und führen noch weiter zu *seitlichen* Scherkräften. Es sind diese Scherkräfte, die zur wachsenden **Beimischung der schweren Masse zur CMS-Zeit** führen, bis jene asymptotisch zum Ereignishorizont hin schließlich das Ruder gänzlich übernimmt (sin = 1), dort dann aber, mit der CMS-Zeit zusammen, selber verschwindet (Betrag = 0).

30. Ladungen

Für die „internen" Strukturen wollen wir die 8 diagonalen Parameter (s. Tabelle, oberer Rand) gemäß ihren Zweierpotenzen mittels dreier Indizes bezeichnen (1 = up, 2 = down; i = gewöhnliche Spin-Komponente). Diese diagonalen Parameter sind die „**Ladungen**":

	N	Q	T	L	Λ	E	A	M
a^+_{i211}	$+\frac{1}{3}$	$+\frac{2}{3}$	$-\frac{1}{3}$	0	0	0	0	0
a^+_{i111}	$+\frac{1}{3}$	$-\frac{1}{3}$	$-\frac{1}{3}$	0	0	0	0	0
a^+_{i222}	$+\frac{1}{3}$	$+\frac{2}{3}$	$+\frac{2}{3}$	0	0	0	$+\frac{1}{2}$	$+\frac{1}{2}$
a^+_{i122}	$+\frac{1}{3}$	$-\frac{1}{3}$	$+\frac{2}{3}$	0	0	0	$+\frac{1}{2}$	$-\frac{1}{2}$
a^+_{i212}	$+\frac{1}{3}$	$+\frac{2}{3}$	$-\frac{1}{3}$	$-\frac{1}{2}$	$-\frac{1}{2}$	0	0	0
a^+_{i112}	$+\frac{1}{3}$	$-\frac{1}{3}$	$-\frac{1}{3}$	$-\frac{1}{2}$	$+\frac{1}{2}$	0	0	0
a^+_{i221}	$+\frac{1}{3}$	$+\frac{2}{3}$	$+\frac{2}{3}$	$+\frac{1}{2}$	0	$+\frac{1}{2}$	$-\frac{1}{2}$	0
a^+_{i121}	$+\frac{1}{3}$	$-\frac{1}{3}$	$+\frac{2}{3}$	$+\frac{1}{2}$	0	$-\frac{1}{2}$	$-\frac{1}{2}$	0

Die entsprechenden 3 Indizes i,j,k der Dynamik bezeichnete Dirac etwas wirr durch i = 1,2 als untere Indizes, j = a,b als indizierte Größen, k = +,– als obere Indizes (vgl. Tabelle, linker Rand für (jk) = (a$^+$). Die angegebenen 8x8 = 64 Tabellen-Einträge ergeben sich (bisher) aus keiner Theorie, sondern geben pragmatisch die experimentellen Erkenntnisse (unter Beachtung der Orthogonalität der zugehörigen Zustände) wieder (s.u.). Für (jk) = (b$^+$) drehen alle 8 Ladungen ihre Vorzeichen um. Soweit die Technik.

Physikalisch kennt die Literatur neben der Gravitation bisher nur noch 3 „interne" Kräfte. Die „starke" Kernkraft (entsprechend oberer Quantenzahl T), die elektromagnetische Kraft (oben Q) sowie die „schwache" Kernkraft. Letztere könnten wir oben durch L *symbolisieren*. Die QG zeigt uns jedoch, dass die **„schwache" Kraft** nicht durch einen Mono-Pol wiedergegeben wird, sondern eine **Dipol-Kraft** repräsentiert; daher ihre offiziell beobachtete geringe Stärke.

Die Standard-Ladungen der Literatur sind

N	:	**Teilchenzahl,**
Q	:	**elektrische Ladung,**
T	:	**Trialität,**
L	:	**Leptonzahl.**

N und L werden offiziell bisher keine eigenen Kräfte zugeordnet. Für die „starke" Kernkraft wurde jedoch zusätzlich die Quantenzahl *Colour* frei erfunden (3 Werte: „rot", „blau", „grün"), damit sich ein 3-Quark-Baryon im Gegensatz zu Gell-Manns ursprünglich gemischt-varianten Darstellungsweise nun auch offiziell als formal „total antisymmetrisch" bezüglich ihrer Quarks darstellen lässt (vom SM missverstandenes Pauli-Prinzip).

Inoffiziell findet sich diese Verdreifachung der „starken" Ladung in den Quantenzahlen A und M von unten neben obigem T wieder — allerdings in ganz anderer Wirkungsweise: A wird in der Kernphysik benötigt, um eine gewisse Abstoßung der Nukleonen untereinander zu begründen, damit wir z.B. ein Deuteron nicht als einen Verbund aus 6 Quarks interpretieren, sondern als einen Verbund aus 2 Nukleonen. Entsprechend wird M benötigt, um die Massen-Aufspaltung von Isospin-Multipletten korrekt reproduzieren zu können.

Λ	:	**leptonische Ladung,**
E	:	**exotische Ladung,**
A	:	**Starke Ladung** *(2. Komponente),*
M	:	**Starke Ladung** *(3. Komponente).*

Λ ist die schwache Monopol-Ladung der „schwachen" Wechselwirkung. E ist dann eine noch unbekannte, „exotische" Ladung, von der bisher nie die Rede war und für deren Existenz wir selbst aus dem Experiment bisher keinerlei Hinweise erhielten, die für die Neue Physik jedoch aus Konsistenzgründen vorhanden sein muss.

Nun erwartet man von einer Kopplungs-*Konstanten* üblicherweise, dass sie konstant ist. In Feldtheorien variiert die Kopplungsstärke aber z.B. mit dem quadrierten Energie-Impuls („Formfaktoren"). Hier beißt sich das Unitaritätspostulat des Reaktionskanals mit Berechnungen aus dem dynamischen Kanal. Die QG führt diese „Formfaktoren" auf den Nicht-Valenzteil eines Teilchens zurück, bei Feynman-Graphen auch auf den „virtuellen Schwanz" eines Teilchens.

Hier unterscheiden wir zwischen der Kopplungskonstante für einen festen Wert des Formfaktor-Argumentes und dem variierenden Formfaktor selber. Der Quotient aus diesem Brutto-Formfaktor und der speziellen Kopplungskonstante ist dann der Nicht-Valenzbeitrag. Experimentalphysiker extrapolieren ihre Reaktionsergebnisse gewöhnlich auf graphischem Wege zu diesen Kopplungskonstanten.

In der „starken" Wechselwirkung dominieren die *konstanten* Teile mit Kopplungskonstanten der Größenordnung 1 (als bloße „Clebsch-Gordon-Koeffizienten" unter Berücksichtigung allein der Valenzteile). Bei der Gravitation herrschen dagegen die Nicht-Valenzteile vor; ihre etwas willkürliche Normierung wird als invariante Kombination aus den üblichen Maßeinheiten <u>definiert</u>. Das liefert recht winzige Kopplungswerte, die i.W. nur eine willkürliche Stelle des Nicht-Valenzteiles wiederspiegeln.

Am stärksten fordert der Fall dazwischen die Mathematik heraus: die „schwache" Wechselwirkung. Einerseits hat das Yukawa-Potenzial – das willkürlich als Lösung der Klein-Gordon-Gleichung angesetzt wird und die QG nur zum Teil befriedigt – den Nicht-Valenzteil des Austauschteilchens wiederzugeben. Andererseits wurde die genaue Quantenstruktur bisher noch gar nicht per endgültiger Berechnung identifiziert.

Trotzdem besagt uns bereits der vorläufige, versuchsweise Vergleich mit dem Experiment, dass die Kopplungs<u>stärke</u> an das „schwache" <u>Monopol</u>-Austauschteilchen aufgrund des engen zentralen Yukawa-Peaks mit entsprechend überhöhtem Dichtegradienten (!) noch wesentlich stärker als bei der „starken" Wechselwirkung sein sollte; die Dipol-Austauschmesonen W und Z zeichnen danach ein viel zu schwaches Bild der Wechselwirkung!

<u>Nur für mathematisch Interessierte</u> hier noch ein Tipp, wie wir an die einleitende, bunte Tabelle von oben herankommen. Mangels Kenntnis ihrer Aufteilung in raum- und zeit-artige Dimensionen organisieren wir ihre 8 Kombinationen der Indizes l, r, t erst einmal im Reaktionskanal gemäß ihrer Sortierung am linken Rand obiger Tabelle. In Abhängigkeit von den Generatoren G = L, M, P, Q der 8 miteinander kommutierenden „internen" Untergruppen vom Typ U(2,2) finden wir ihren Bezug auf Diracs erweiterte a- und b-Spins:

$G_\mu^{(0,+)}$	$G_\mu^{(1,-)}$	$G_\mu^{(2,-)}$	$G_\mu^{(3,-)}$	$G_\mu^{(1,+)}$	$G_\mu^{(2,+)}$	$G_\mu^{(3,+)}$	$G_\mu^{(0,-)}$
$a_{k111}^{\pm}$	$a_{k211}^{\pm}$	$a_{k121}^{\pm}$	$a_{k112}^{\pm}$	$a_{k122}^{\pm}$	$a_{k212}^{\pm}$	$a_{k221}^{\pm}$	$a_{k222}^{\pm}$
$b_{k111}^{\mp}$	$b_{k211}^{\mp}$	$b_{k121}^{\mp}$	$b_{k112}^{\mp}$	$b_{k122}^{\mp}$	$b_{k212}^{\mp}$	$b_{k221}^{\mp}$	$b_{k222}^{\mp}$

Ihre (symmetrische) Umrechnungsmatrix U in die G's unter paarweiser Zusammenfassung der jeweils 4 Spin-Kombinationen (l',l"), (r',r"), (t',t") zu Lorentz-Kombinationen 0, 1, 2, 3 lautet jetzt:

$$\left(G_\mu^{(r,\pm)}\right) = U\left(G_{\mu\lambda\rho\tau}\right), \quad \left(G_{\mu\lambda\rho\tau}\right) = U\left(G_\mu^{(r,\pm)}\right),$$

$$U \equiv \frac{1}{\sqrt{8}}\begin{pmatrix} +1 & +1 & +1 & +1 & +1 & +1 & +1 & +1 \\ +1 & -1 & -1 & -1 & +1 & +1 & +1 & -1 \\ +1 & -1 & -1 & +1 & -1 & +1 & -1 & +1 \\ +1 & -1 & +1 & -1 & -1 & -1 & +1 & +1 \\ +1 & +1 & -1 & -1 & +1 & -1 & -1 & +1 \\ +1 & +1 & +1 & -1 & -1 & -1 & +1 & -1 \\ +1 & +1 & -1 & +1 & -1 & +1 & -1 & -1 \\ +1 & -1 & +1 & +1 & +1 & -1 & -1 & -1 \end{pmatrix}.$$

*Zur Irreduzibilität (entsprechend dem **Quark Confinement**) ist aus diesem U noch das Spur-Singlett herauszuziehen:*

$$G_{...,\lambda\rho\tau} = \left(G_{...,\lambda\rho\tau} - \frac{1}{3}\,\delta_{\lambda\rho\tau}\,G_{...,000}\right) + \frac{1}{3}\,\delta_{\lambda\rho\tau}\,G_{...,000}\,,$$

$$\delta_{\lambda\rho\tau} \equiv (\delta_{\lambda 0} + \delta_{\lambda 3})(\delta_{\rho 0} + \delta_{\rho 3})(\delta_{\tau 0} + \delta_{\tau 3})\,.$$

(Das herausgezogene Singlett generiert die gewöhnliche QG.) Unsere einleitende bunte Tabelle von oben resultiert jetzt aus geeigneten, zueinander orthogonalen Linearkombination obiger U-Zeilen, wie sie gemäß <u>experimenteller</u> Befunde plausibel erscheinen.

Die QG definiert dieses Spur-Singlett über die Quantenzahl N" aus Kapitel 8. Abgesehen von ihrem Normierungsfaktor ist N" im Quadranten vor dem Ereignishorizont nach dem Urknall für positive Teilchenzahl N mit dieser identisch. Erst außerhalb dieser Einschränkungen weichen N" und N voneinander ab. Insofern lässt sich N" *bedingt* durch N simulieren.

Doch Gravitation und dunkle Energie haben als Singlett – jede für sich – innerhalb *aller* Teile unseres Universums das jeweils gleiche Vorzeichen. Der Vorzeichenwechsel erfolgt erst hinter dessen Grenzen, bei einer weiteren Verdoppelungsstufe der Dimension zu einem Multiversum hin, das dann unser jetziges Singlett zu einem Dublett mit jeweils beiderlei Vorzeichen (up und down) aufbohrt und damit die einzelnen Universen innerhalb ihres Verbundes auf Abstand voneinander hält.

31. Die chiralen Kräfte der Natur

Für den Chiral-Teil der **elektrischen Ladung Q** finden wir analog zum Kapitel 8 in der 4-dimensionalen U(2,2) die 4x4 = 16 Generatoren

Q	:	**elektrische Ladung**
B_i	:	**Magnetfeld** *(3 Komponenten)*
χ	:	**Lorentz-Eichung**
E_i	:	**elektrisches Feld** *(3 Komponenten)*
A_0	:	(zeit-artiges) **elektrisches Potenzial**
A_i	:	(zeit-artiges) **magnetisches Potenzial** *(3 Komp.)*
$\underline{A}_0$	:	(raum-artiges) **elektrisches Potenzial**
$\underline{A}_i$	:	(raum-artiges) **magnetisches Potenzial** *(3 Komp.)*

In geeigneter Normierung charakterisieren sie den elektromagnetischen Chiral-Anteil des linearen Casimirs Q der Ladung sowie den zugehörigen **elektromagnetischen SO(2,4)-Feldtensor**

$$F_{ab} = - F_{ba} \quad \text{mit} \quad a,b \in \{1,2,3,4,5,6\} \quad \text{und} \quad \mu,\nu \in \{1,2,3,5{=}0\}:$$

$F_{\mu\nu}$	$\sim (B_i, E_i)$	elektromagnetische Felder
F_{46}	$\sim \chi$	Lorentz-Eichung
$F_{\mu 6}$	$\sim A_\mu$	elektromagnetisches Vierer-Potenzial 1
$F_{\mu 4}$	$\sim \underline{A}_\mu$	elektromagnetisches Vierer-Potenzial 2

Die (speziell-relativistisch invariante) **Lorentz-Eichung** wird (zumindest) für die relativ schwachen elektromagnetischen Felder, wie wir sie auf der Erde kennen, willkürlich gleich null angesetzt, weil in die klassischen (*speziell*-relativistischen) Maxwell-Gleichungen lediglich deren Ableitungen eingehen. A und $\underline{A}$ stellen das elektromagnetische 4-Potenzial dar, und zwar in seiner zeit-artigen Ausprägung A (analog zum Linearimpuls) bzw. in seiner raum-artigen Ausprägung $\underline{A}$ (analog zur CMS-Raumzeit):

$$A_\mu A^\mu \geq 0,$$
$$\underline{A}_\mu \underline{A}^\mu \leq 0.$$

Der klassische Fall − Lorentz-Eichung = 0 − unterscheidet nicht zwischen A und $\underline{A}$. Wie schon im normalen Singlett der QG steht auch hier die Alternative zur Debatte, anstelle des _einen_ Austauschteilchens − dort das Graviton, hier das Photon − ein ganzes Spektrum an Teilchen zuzulassen, nämlich _jeden_ Zustand, der über die Ladung Q 6-dimensional zum Tensor F direkt oder indirekt beitragen könnte! *(Das sich dabei neu auftuende Problem wäre die Aufteilung eines Teilchen-Beitrages gemäß seinem Q-Anteil am Gesamtfluss sämtlicher 8 Ladungstypen. Wie wir im vorigen Kapitel sahen, trägt jedes Quant mehrere, unterschiedliche Ladungen!)*

Statt uns also bei der Gravitation auf den Spin 2 des Gravitons und bei der Elektrodynamik auf den Spin 1 des Photons einzuschränken, stünden uns dann sämtliche Zustände zur Verfügung, um die volle Variationsbreite des (6-dimensionalen) Feld-Tensors des jeweiligen Wechselwirkungstyps auch wirklich auszuschöpfen; die Problematik mit den magnetischen Momenten der Nukleonen könnte so entfallen.

Für die Trialitätskomponente der starken Wechselwirkung gelten völlig analoge Definitionen, nur dass die Reichweite der **Trialität T** nicht durch das Coulomb- sondern durch das Yukawa-Potenzial charakterisiert wird. Dies führt zu entsprechenden Erweiterungen der Feldgleichungen. Statt dynamisch L oder elektromagnetisch F anzusetzen, löste unser Problem jetzt der

starke Feldtensor T$_{ab}$ (statt L$_{ab}$ bzw. F$_{ab}$).

Im SM unterliegt die starke Wechselwirkung noch der dortigen Colour-Logik. Der Lagrange-Formalismus der Chromo-Dynamik führte für sie − als Pendant zum einen, masselosen Photon der Elektrodynamik − künstlich gleich 8 masselose Vektorbosonen, genannt

Gluonen, ein, die dieser Farb-Logik (Colour) unterliegen sollen. Bisher entzogen sich diese allerdings jeder direkten Beobachtung. Für deren Starke Ladungen in 3 Colour-Varianten kennt die Neue Physik die 3 Ladungen T, A und M. Die formale Parametrisierung sollte also i.W. nachvollziehbar sein.

Für die Schwache Wechselwirkung betrachtet das SM die 3 Schwachen Bosonen W^+, W^- und Z als deren Eichbosonen, also 3 Stück statt des einen bei einer Eichtheorie. Die Eichtheorie verlangt aber auch die Masselosigkeit seiner Vektorbosonen. Die Schwachen Bosonen sind hingegen extrem massiv! Das SM versucht, diesen Widerspruch mit Hilfe seines Higgs-Mechanismus zu überwinden, der in der QG schon per Konstruktion überflüssig ist: Masse ist hier eine Eigenschaft, die sich unmittelbar über die Statistik der einzelnen Quanten des Nicht-Valenzteils von Teilchen zusammensummiert.

*Für die Mathematiker: **Eichtheorien**. Addition zweier der 8 Chiralkomponenten, sagen wir (000) und (333) (denn gleiches gilt für das chirale Singlett (000) der QG), liefern als ihren kombinierten quadratischen Casimir*

$$C^{(2)}_{U(4,4)}(000) + C^{(2)}_{U(4,4)}(333) \,.$$

Picken wir uns aus ihm die Terme der Viererimpulse G=P heraus und benennen sie kürzer um in

$$
\begin{aligned}
P_{\mu,000} &\equiv \quad P_\mu \,, \\
P_{\mu,333} &\equiv -eA_\mu \,.
\end{aligned}
$$

Dann erhalten wir

$$
\begin{aligned}
\left(P_0{}^2 - \vec{P}^2\right) &+ e^2\left(A_0{}^2 - \vec{A}^2\right) \\
&= \tfrac{1}{2}\left((P_0 - eA_0)^2 - \left(\vec{P} - e\vec{A}\right)^2\right) \\
&+ \tfrac{1}{2}\left((P_0 + eA_0)^2 - \left(\vec{P} + e\vec{A}\right)^2\right).
\end{aligned}
$$

Mit P als 4-Impuls der Quantengravitation und A als **elektromagnetischem 4-Potenzial** ist dies exakt die Aufspaltung gemäß dem Vorzeichen der elektromagnetischen Ladung e, wie sie uns aus der „**minimalen Kopplung**" der Elektrodynamik geläufig ist:

$$P_\mu \;\rightarrow\; P_\mu \mp eA_\mu \, .$$

Sie ist das klassische Resultat einer **Eichtheorie**, erweiterbar auf alle Chiralkomponenten. Anders als dort sorgt seine Einbettung in den 2. Casimir jedoch zusätzlich für die gesamte Dynamik, inkl. Masse!

32. Geometrie der Kräfte

Auf eine Besonderheit sei noch bei der **Teilchenzahl N** aus dem „internen" Oktett hingewiesen, weil diese doch sehr dem linearen Casimir **N'** (siehe Kapitel 8) aus dem „internen" Singlett (also der eigentlichen QG) ähnelt. N und N' unterscheiden sich – abgesehen von Kopplungsstärke und Reichweite – nur durch einige Vorzeichen. Die N-Logik ist allerdings noch nicht detailliert untersucht worden.

Doch denken wir an die 4 Quadranten bezüglich der Paritäten C und T (siehe Kapitel 19). Im Quadranten nach dem Big Bang diesseits des Ereignishorizontes haben wir es mit den Originalen der Feld-Tensoren N und N' zu tun. In der schwarz-roten Schachtelungsskizze von Kapitel 21 trennt der Index k Diracs Spinor von seinem Antispinor gemäß N, und das Indexpaar (m,n) unterscheidet die 4 Dirac-Komponenten bzgl. ihrer U(2,2)-Paare in der expliziten Form U((1,1),(1,1)).

So stoßen sich Quanten innerhalb desselben Quadranten per **dunkler Energie** als „gleich geladen" (bzgl. N") gegenseitig ab. Für die QG beruht diese **Abstoßung** innerhalb eines einzelnen der 4 Quadranten eindeutig auf dem negativen **Dichtegradienten der Entropie** – wohingegen sich die **anziehende Wirkung** der Gravitation als ein **Effekt** der Ablenkung *ausgedehnter* **Körper in geschichteten Medien** erwies.

Betrachten wir all dies unter geometrischen Gesichtspunkten, so erweist sich die Abstoßung durch die dunkle Energie als nichts weiter als der Effekt einer hyperbolischen, nach außen verweisenden Struktur, während die gravitative Anziehung der Effekt einer elliptischen, nach innen weisenden Struktur ist. Die Grenzen unseres Universums bestimmen sich also grob aus dem Gleichgewicht beider gegenläufiger Effekte (unter Berücksichtigung des Ausdünnungseffektes nach außen hin).

Für „interne" Oktett-Ladungen liegen diese Horizontgrenzen in Form effektiver Teilchen-Durchmesser enger beisammen. Dadurch sowie aufgrund der wesentlich kleineren Anzahl von Quanten in den Valenzteilen von Materie als im Gesamt-Universum aufgrund der dunklen Materie konzentriert sich der Abstoßungseffekt vom Maßstab unseres Universums nun auf atomare oder gar subatomare Größenordnungen.

Nicht-Valenzteile von Teilchen sowie neutrale Teilchen wirken demgegenüber eher wie eine Art verbindenden Kitts. Als Beispiele wären da etwa die Neutronen zu nennen, die den Atomkern zusammenhalten – oder die Elektronen, die die Atomkerne der Materie zusammenhalten.

33. Abstoßung und Anziehung

Die QG lässt sich auf individuelle Erhaltungsgrößen zurückverfolgen: auf unsere Quanten, die in 8 unterscheidbaren Typen auftreten. Wir akzeptieren, weder ihren Ursprung noch die Besetzungszahlen ihrer jeweiligen Typen zu kennen: Für unsere Welt sind dies *externe* Parameter. Wir könnten sie im Prinzip zwar abzählen, ihre Anzahlen kann die QG aber nicht vorhersagen.

Gemäß dieser Einbettungshypothese ist unsere Welt hierarchisch organisiert (Matrioschka-Prinzip). Hinweise in Richtung auf eine nächst-tiefere GUT-Ebene in Form „interner" Parameter sind unübersehbar. Auch ein erster Hinweis auf eine nächst-höhere Hierarchie-Ebene ist in Form der experimentell gemessenen asymptotischen Flachheit unserer Welt trotz ihrer augenscheinlichen Krümmung durch Einsteins ART und die dunkle Energie vorhanden und gibt Anlass zu Multiversum-Spekulationen. Wir können es nicht beweisen, aber wir können mit der Annahme leben, dass diese benachbarten Ebenen den gleichen physikalischen Gesetzen unterliegen, wie sie bei uns herrschen.

Die nächst-tiefere Hierarchie-Ebene zeigt mit ihrem Quark Confinement, dass sie ebenfalls 2**3 = 8-dimensional sein muss. Ohne fundiertere Hinweise experimenteller Natur können wir jedoch nicht sagen, wie weit sich unsere gewohnte Physik noch weiter verfolgen lässt. Als vorläufiges Ergebnis scheint sich die Organisation der Natur in Vielfachen der Dimension 8 zu bestätigen.

Aus der GUT kennen wir deren Quantenzahl N. Auf unserer Seite des Ereignishorizontes mag dieses N nach dem Urknall proportional zur Gravitationskonstante sein; doch die U(4,4), die zu diesem N gehört, ist <u>nicht die QG</u>; denn diese dürfte die Quantenzahl N beim Übergang zum Antiteilchen ja nicht auf ihr entgegengesetztes Vorzeichen umschalten, wie es N tut. So behandeln wir die QG als GUT-

Singlett. Bei der Dimensions-Doppelung zu einer nächst-höheren Multiversums-Ebene muss dies allerdings keineswegs so bleiben!

Dort könnte sich unser Singlett „Gravitation" durchaus auch als Komponente eines Spinors entpuppen, dessen andere Komponente gravitativ entgegengesetzt geladen ist. Ich erinnere nur an das Vorzeichen der schweren Masse beim Passieren des Ereignishorizontes! Aufgrund des entropischen Charakters der dunklen Energie würden sich dann gravitativ gleich geladene Universen gegenseitig abstoßen, entgegengesetzt geladene aber anziehen.

Dies wäre, wie eine Hierarchie tiefer, bei den „internen" Ladungen. Wer konnte sich vor der Entdeckung der ersten Antiteilchen schon deren andersartige Eigenschaften ausmalen! Dort, hatten wir gesehen, paaren sich entgegengesetzt geladene „Universen" vorzugsweise zu Strukturen wie die dunkle Materie bzw. zu Nicht-Valenzteilen. Im hier aktuellen Falle ergäbe dies so etwas wie das, was ich schon als „salziges Universum" bezeichnet hatte, also so etwas, das aussieht wie ein Vielteilchen-Festkörper. Dies mag dann die nächste Umgebung außerhalb unseres eigenen Universums charakterisieren.

Kombinieren wir nun 2 benachbarte Hierarchien in unserer Weltformel 2ter Ordnung miteinander, dann haben wir es nicht mehr mit 8 sondern mit 8x8 = 64 Dimensionen zu tun, einem dynamischen Oktett mal ein „internes" Oktett. Beim „internen" Oktett ist uns zurzeit unklar, welche seiner Komponenten zeit- und welche raum-artig sind. (Deshalb können wir diese Hierarchie-Ebene im Moment auch nur im Reaktionskanal behandeln.)

Auf dem Niveau der Weltformel 2-ten Grades bedeutet diese Kombination zweier benachbarter Hierarchien die Addition aller Terme der Art der einleitenden Weltformel von Kapitel 10 für die eine QG – je einmal für alle 8 Dimensionen der anderen QG. (Es gibt also eine mechanische QG, eine elektromagnetische QG, usw.) Nun erwähnte ich gerade unsere momentane Unwissenheit über die Zuordnung, welche der „internen" Quantenzahlen im dynamischen Kanal als zeit-artig und welche als raum-artig anzusehen sind. Die zeit-artigen „internen" Beiträge der 2. QG wären dann nicht zur Weltformel der 1. QG zu addieren, sondern von ihr zu subtrahieren. Diese speziellen Zuordnungen wären also experimentell zu ermitteln.

Diracs Interpretation eines **auslaufenden Teilchens als einlaufendes Antiteilchen** findet zwar nicht seinen historischen, wohl aber seinen logischen Ursprung letztendlich in der Aufteilung des Gesamtsystems gemäß

$$U(4,4) = U((2,2),(2,2)) \supset U(2,2) \oplus U(2,2).$$

Hierbei multipliziert die eine U(2,2) die Generatoren der anderen U(2,2) mit der imaginären Einheit. (Rein gruppentheoretisch stellt solch ein Generatorpaar aber 2 voneinander unabhängige Generatoren dar – daher die Dimensionsdoppelung von 4 auf 8 im Spinor-Raum!) In gleicher Logik würde die Doppelung der gravitativen Ladung zu einem Paar positiver plus negativer gravitativer Ladungen die nächst-höhere Matrioschka-Ebene einläuten.

So wie sich ein Quant in seine 8 „internen" Ladungskomponenten aufgliedert, so untergliedern sich auch die 3 Paritäten unser Universum in 2**3 = 8 Teilbereiche. Keine dieser Teilbereiche bzw. Komponenten ist, auf sich allein gestellt, überlebensfähig; sie müssen sich komplexer zu einem Universum – entsprechend einem Elementarteilchen – unter Beachtung gewisser Regeln (wie z.B. dem Quark Confinement) zusammenschließen.

Zu dem 8-Vektor „Quant" sollte also ein 8-Vektor aus Universums-Teilbereichen korrespondieren. So wie sich Elementarteilchen aus Quanten zusammensetzen, so setzen sich Multiversen aus Universen zusammen. Multiversen wären demnach als Tensor-Komponenten der jeweiligen Vektor-Komponenten aus Universumsteilen zu betrachten. Bei den Elementarteilchen spielen die 16 Bausteine der dunklen Materie eine Sonderrolle. Der Aufbau unseres eigenen Universums legt eine Struktur nach deren Art nahe.

Solch ein Aufbau unseres Universums i.W. als neutraler Zusammenschluss zweier bezüglich N entgegengesetzt geladener 8-Vektoren aus Universums-Teilbereichen liegt auch schon aus dem Vergleich mit der Zusammensetzung unseres eigenen Universums-Teiles (dasjenige nach dem Urknall diesseits des Ereignishorizontes) nahe. Hier, wo wir messen können, konstatiert die Astronomie ein großes Überangebot an dunkler über gewöhnliche Materie, das die QG dann auch noch plausibel machen kann; und die gewöhnliche Materie besteht i.W. aus den neutralen Nicht-Valenzteilen.

Gilt für beide Ebenen – Universen und Teilchen – tatsächlich dieselbe Axiomatik, dann wäre dies auch der Ansatz mit der höchsten Wahrscheinlichkeit: **Unser Universum wäre** dann **als Baustein entsprechend der dunklen Materie, nur eine Hierarchie-Ebene höher**, anzusehen! Umgekehrt folgt daraus, dass jenseits der Grenzen unseres eigenen Universums u.a. auch wesentlich kompliziertere Strukturen (mit Valenzteilen) zu erwarten sind, die – auf jenem höheren Niveau – auch unseren eigenen Elementarteilchen oder gar daraus gebildeten biologischen Lebensformen entsprächen.

So überträgt sich das Verhalten der mikroskopischen Welt auf kosmische Dimensionen und umgekehrt. Solange sich die Axiomatik von Ebene zu Ebene nicht ändert, **bleibt die zugrunde liegende Physik immer die gleiche.** Multiversen obiger Provenienz würden sich zu Hyperuniversen der Art U((4,4),(4,4)) zusammenschließen usw., bis hin zu einer U((16,16),(16,16)) als nächsten, formalen Abschluss.

In puncto Fundamentalkräfte erwartet die Experimentalphysiker und Astronomen also noch ein reichhaltiges Entdeckungspotenzial! Zuerst aber haben wir noch den Entdeckungsschritt inter-universeller Wechselwirkungen über die Grenzen unseres eigenen Universums hinaus vor uns. Rein physikalisch ist die Überwindung solcher

Grenzen durchaus denkbar; was dem allerdings für noch beträchtlich lange Zeit im Wege stehen dürfte, das ist vor allem der dafür erforderliche technische **Aufwand**.

Einen ersten, erfolgreichen, experimentellen Datensatz in dieser Richtung liefert, wie gesagt, bereits die kosmische Hintergrundstrahlung mit ihrer Nivellierung (Flachheit) der allgemein-relativistischen Raumkrümmungen auf Multiversumsniveau, vgl. Kapitel 27. Der wesentliche Unterschied zum Bubble-Modell der ewigen Inflation besteht darin, dass diese „Bubbles" in unserer QG wohlstrukturiert (nach Young-Tableaux) auftreten.

Dieser Abstoßung bzw. Anziehung per **Vorzeichen der Ladung** im Oktett gegenüber steht, wie wir schon sahen, das entgegengesetzte Verhaltensmuster, das wir bei der dunklen Energie als reinen Entropie-Effekt unkorrelierter Strukturen im Vergleich zum Gravitationseffekt ausgedehnter Strukturen beobachten, wo sich ebenfalls die Kraftrichtung gerade in ihr Gegenteil verwandelt. Beide Effekte sind – nach gegenwärtigem Wissen – aber unabhängig voneinander.

34. Leptonen

Aufgrund des viel kleineren „schwachen" _Mono_-Pol-Horizontes (nicht zu verwechseln mit der viel breiteren _Di_-Pol-Weite der „schwachen" Bosonen) wird die Kopplung der „blauen" Isospin-Komponenten der farbenfrohen Tabelle von Kapitel 30 aneinander viel stärker sein als die der beiden „stark" wechselwirkenden gelben und grünen Quanten:

$$H_Q \gg H_G \gg H_T \gg H_\Lambda \, .$$

Der Horizont der Gravitation (2. von links) ist die (asymptotische) Größe unseres Universums. (Durch die kosmische Expansion nimmt die Raumzeit mit der Zeit auf Kosten des Energie-Impulses zu.) Für die schon früher erwähnte Formfaktor-Methode stellt sich die Yukawa-Masse des Gravitons als extrem klein heraus.

Der elektromagnetische Horizont (ganz links) ist nur deswegen derart groß, weil die Photon-Masse verschwindet. Sämtliche massive (Austausch-)Teilchen besitzen einen wesentlich kleineren Horizont. Und da viel mehr Teilchen eine Trialitätskraft als eine Λ-Kraft tragen, wird auch der Trialitätshorizont beträchtlich größer als der Λ-Horizont ausfallen. Ein „blaues" Quant wird also vorzugsweise an ein anderes „blaues" Quant (entgegengesetzter Λ-Ladung) ankoppeln.

Solch ein bezüglich Λ neutrales Paar heißt

Anti-Leptonukleus: $\qquad a^+_{i',212}\, a^+_{i'',112}$

Leptonukleus: $\qquad b^+_{i',212}\, b^+_{i'',112}$

Um auch seine Trialitätsladung abzusättigen, muss noch ein „grünes" Quant heranmultipliziert werden. Je nachdem, welches der beiden verfügbaren „grünen" Quanten wir benutzen, wird die elektrische Gesamtladung entweder +1 oder null sein. Es handelt sich um ein elektrisch geladenes Antilepton und sein Antineutrino. Leptonen sind demnach Antibaryonen und Antileptonen Baryonen.

Je nach Symmetrietyp erhalten wir 3 Lepton-„Generationen":

- eine antisymmetrische **Elektron**-Familie,
- eine gemischt-symmetrische **Myon**-Familie
- und eine symmetrische **Tauon**-Familie.

Leptonische Flavour sind also nichts weiter als Symmetrie-Eigenschaften. Das „Standard"-Modell weiß nichts davon, weil es Leptonen als „Punktteilchen" ohne innere Struktur behandelt. Eine detailliertere, weniger grobe Betrachtungsweise fördert allerdings eine etwas subtilere Unterstruktur zutage (s. am Ende des Kapitels).

Die Quantenzahl Q ist für Atomspektren und die Chemie zuständig; sie legt die Größe eines Atoms fest. Die Trialität T fixiert die Größe eines Atomkerns, Λ die Größe eines Leptonukleus. Vergleichen wir also die Struktur eines Deuterium-Atoms mit der eines Elektrons:

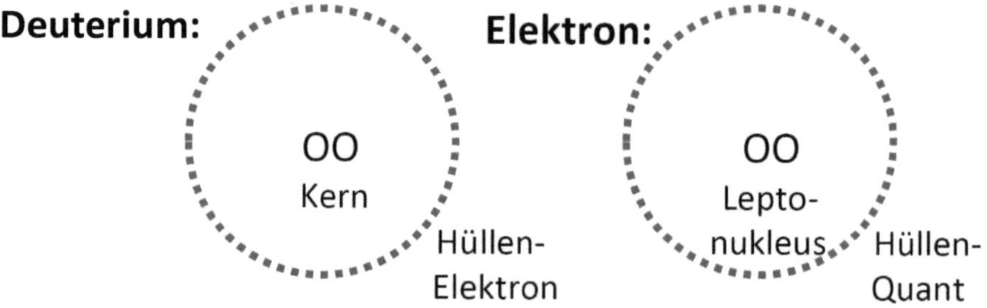

Die Strukturen sind gleich; mit den unterschiedlichen Kräfte-Typen unterscheiden sich allerdings die Größenordnungen. Mit seiner Behandlungsweise eines **Elektrons als „Punktteilchen"** rudert das „Standard"-Modell hier aber in die alten Zeiten vor Rutherford zurück, bevor man von der Existenz eines Atomkerns wusste. Für die

Leptonen steuert die gängige Theorie also in eine Uraltphysik vergangener Epochen zurück.

Da die Photonmasse verschwindet, versetzt uns obige Skizze in die glückliche Lage, die **Feinstruktur-Konstante** der Elektrodynamik, jenen legendären Wert 1/137,036, explizit berechnen zu können. Bei Vorwärtsstreuung und Energie des Photons =0 sind die Nicht-Valenzteile des ein- und auslaufenden Elektrons gleich, heben sich also weg.

Der außerordentlichen Wichtigkeit dieser Berechnung wegen seien deren Details hier ausnahmsweise expliziert notiert. Der daran desinteressierte Leser überblättere einfach die nächsten Ausführungen vor dem Endergebnis. *Details:*

Wir kennen den Effekt, dass wir nicht durch eine massive Wand aus Beton schreiten können. Zwar ist die Wand insgesamt elektrisch neutral. Was uns jedoch am Durchschreiten hindert, das sind die negativ geladenen Elektronenschalen ihrer Atome, die die genauso negativ geladenen Elektronenschalen der Atome, aus denen wir selber bestehen, beim Aufeinandertreffen abstoßen. Aus demselben Grunde fallen wir auch nicht durch den Fußboden.

Fazit: Wir müssen von Fall zu Fall sauber zwischen der Gesamtladung eines Komplexes und den Teilladungen seiner Konstituenten unterscheiden! Für die klassische Physik soll dieser Unterschied für ein Elektron <u>per Definition</u> keine Rolle spielen; denn dort wird ein Elektron als punktförmig angesetzt.

In der GUT dagegen besteht ein Elektron – vergleichbar mit einem Deuterium-Atom – aus 3 Konstituenten: einem eng gebundenen Leptonukleus aus zwei Quanten, „umkreist" von einem wesentlich lockerer gebundenen dritten Quant. Bei einer niederenergetischen Annäherung nach obiger „Methode Wand" „spüren" wir also vordringlich erst jenes Hüllenquant, noch nicht jedoch das Kern-Paar.

Damit erhalten wir für die Berechnung der Feinstrukturkonstante erst einmal das Quadrat der elektrischen Ladung −2/3 jenes dritten Quants als Faktor. Zu multiplizieren ist er mit der eigentlichen Kopplungskonstanten (dem quadrierten „Clebsch-Gordon-Koeffizienten" der Koppelung). Diese berechnen die Teilchenphysiker als „Erwartungswert" (Matrix) des Photons zwischen den 2 bei Vorwärtsstreuung gleichen Spinorkomponenten des Elektrons.

Im einfachsten Falle setzt sich der Valenzteil des Photons aus nur 2 Quanten zusammen. In Operator-Schreibweise könnten wir dies als Generator annähern. Irreduzibilität seiner 2-Quant-Darstellung verlangt die Aussonderung des Spur-Singletts. Das liefert den Faktor

$$1 - \tfrac{1}{64} = \tfrac{63}{64}.$$

Nach Abtrennung der dunklen Materie verbleiben von den ursprünglich 64 Dimensionen der (um den Leptonukleus abgemagerten) Elektron-Darstellung aber nur noch 60 übrig. Unser Photon-Zustand wirkt auf einer davon ein: Faktor 1/60. Sammlung aller Beiträge liefert für die Feinstrukturkonstante bei Vernachlässigung des Dipol-Beitrages aus dem Leptonukleus schließlich ganz simpel:

$$\alpha = \left(-\frac{2}{3}\right)^2 \cdot \frac{63}{64} \cdot \frac{1}{60} = \frac{1}{137,143}.$$

Diese unsere unterste Näherung für die Feinstrukturkonstante hat, verglichen mit dem experimentellen Wert 1/137,036 bereits eine Genauigkeit von

$$\frac{\alpha_{\text{Theor.}} - \alpha_{\text{Exp.}}}{\alpha_{\text{Exp.}}} \approx 0,08\ \%.$$

Dieses klassische Ergebnis für das **Elektron als Punktteilchen** führt für kompliziertere Valenzstrukturen wie z.B. beim Proton oder Neutron, wo sich bereits 3 <u>gleich</u>artige Valenz-Quanten den Kuchen zu teilen haben, zu entsprechenden Zusatz-Termen. Augenscheinlich wird dies bei der Berechnung des magnetischen Momentes.

(Wie bei der Abwägung reversible gegen irreversible Zeit liefert auch hier der Ersatz der Photon-Darstellung mittels eines Generators, der ein Input- mit einem Output-Quant koppelt, durch eine Darstellung mittels zweier Input-Quanten der Photon-Valenz, die im Output der Nicht-Valenz des auslaufenden Elektrons zugeschlagen werden müssten, zu Formfaktoren. Doch im Limit verschwindender Photon-Energie konvergieren diese Abweichungen gegen den Faktor eins. Übergänge über andere Zwischenzustände als das Photon werden in der Literatur per Definition (!) oft nicht dem Elektromagnetismus zugeschlagen, sondern auf andere Wechselwirkungen abgeschoben, die man weniger im Griff hat; das idealisiert und vereinfacht Berechnungen zur „reinen" Quanten-Elektrodynamik ungemein.)

Analog wie beim elektromagnetischen Kräftepaar E und B aus dem 4-Potenzial A sollten sich auch bei der „starken" und bei der „schwachen" Wechselwirkung aus deren 4-Potenzialen Kräftepaare herleiten lassen, die dann halt „starken" bzw. „schwachen" Maxwell-Gleichungen folgen. Es stellt sich nur die Frage nach den Größen der jeweiligen Ruhemassen, der effektiven Kopplungsstärken und Reichweiten der betreffenden „starken" bzw. „schwachen" „Photonen".

Auch ist es keineswegs a priori klar, ob die betreffenden Zustände jeweils kleinster Ruhemasse tatsächlich gerade den Spin =1 wie beim Photon, den Spin =2 wie beim Graviton oder welchen Spin auch immer tragen. Zur Erinnerung: Jedes einzelne Quant repräsentiert eine *Mischung* aus diversen „internen" Ladungen, und das Postulat der Literatur, diese „Träger" einer Wechselwirkung sollten den Spin =1 haben, beruht auf **Eichtheorien**. Unser Modell ist aber die Quantengravitation!

Diese Berechnung der Feinstrukturkonstante weist unmittelbar auf die Korrektheit gleich einer Fülle an QG-typischen Ansätzen hin:

- Ein Lepton ist kein Punktteilchen, sondern zusammengesetzt.
- Der Leptonukleus besteht aus anderen Quanten als die Hadronen und ist weit stärker gebunden als diese.
- Die Basis-Dimension der GUT ist tatsächlich 8x8 = 64.
- 4 der 64 Quantentypen wurden tatsächlich „weggefangen", und zwar komplett, so wie es die dunkle Materie verlangt.

Nur für mathematisch Interessierte seien hier noch die 3 bereits experimentell entdeckten Lepton-Flavour präzisiert. Weitere hätten noch wesentlich höhere Massen und müssten demzufolge auch noch weit instabiler sein. Nach Kapitel 41 wären ihre „Neutrinos" massiv.

In der Zerlegungskette der U(32,32) ist hier die Untergruppe U(8)xSU(2) von Belang. Auf die Erzeuger von Diracs 8 b-Typen wirkt der gewöhnliche SU(2)-Spin für alle 3 Generationen gleich, nämlich S = 1/2; doch die „internen" Symmetrie-Konfigurationen ihrer 3-Quant-Valenzen unterscheiden sich:

	U(16)	U(8)$_{\text{„intern"}}$	SU(2)$_{\text{Spin}}$
e^-, ν_e	total symmetrisch	gemischt symmetrisch	gemischt symmetrisch
μ^-, ν_μ	gemischt symmetrisch	gemischt symmetrisch	gemischt symmetrisch
τ^-, ν_τ	total symmetrisch	anti-symmetrisch	gemischt symmetrisch

35. Angeregte Zustände

Irreduzible Teilchenzustände definieren sich über geeignete Young-Rahmen. In unseren 8x8 = 64 Dimensionen hat ein solches Young-Tableau maximal 64 Zeilen. Die Anzahl seiner Spalten dagegen ist durch die Gesamtzahl seiner Quanten begrenzt. Sie wird in der QG als groß gegenüber der Anzahl 64 von Zeilen angesehen, da sie dem makroskopischen Gesetz der großen Zahl unterliegen soll.

Die wahrscheinlichste Konstellation seines *Nicht*-**Valenzteil**es ist daher eine total symmetrische, bestehend aus 1 einzelnen Zeile; wir setzen sie als unsere Startnäherung erster Ordnung an. *(Erweiterungen könnten sich zur Anwendung von Wigners „Zufallsmatrizen" mausern.)* Ein Nicht-Valenzteil wird durch seine Zerlegbarkeit in gewisse Unter-gruppen analysiert, wie sie die farbenfrohe Tabelle im Kapitel „La-dungen" andeutet. Es gibt eine Vielzahl an „gelben" wie auch „grü-nen" Paar-Komponenten, wesentlich weniger „blaue" und noch we-niger „rote" – dies ist der Ansatz.

In niedrigster Näherung multiplizieren sie sich alle. Dies passt zu unserer Aussage, dass ein Teilchen als lokal konstruktive Überlage-rung von Komponenten unseres irreduziblen Universums aufzufas-sen sei. Wir sahen bereits, dass unsere „farbigen" Nicht-Valenzkom-ponenten – anders als im Falle der dunklen Materie – ihre „inter-nen" Indizes (mit eventueller Ausnahme einiger weniger, zufällig beigemengter Bausteine der dunklen Materie) hier *nicht* aufsum-mieren.

Unser Kapitel 30 gibt lediglich die (jk)-Werte (a,+) am linken Ta-bellenrand wieder. Die übrigen Dirac-Komponenten aus der dunklen Materie kommen noch dazu. Die dunkle Materie kennt 4x4 = 16 Ty-pen gepaarter Dirac-Spinoren; ihre Spin-Indizes (i',i") blieben dort offen. Kurz nach Gell-Manns Einführung des Quark-Modells hatte man auch noch „**S-, P-, D-Wellen**" usw. als vermeintliche **Bahndreh-impulse** ins Quark-Modell ergänzt, um dort noch weitere Typen von

Teilchen-Resonanzen unterzubringen, die bis dahin nicht von Gell-Manns Quark-Ansatz gedeckt waren.

S-Wellen (Bahndrehimpuls =0) entsprechen Gell-Manns ursprünglichem Quark-Modell. P-Wellen (Bahndrehimpuls =1) machen z.B. aus Gell-Manns pseudo-skalaren Mesonen (Spin, Parität) = (0,–) „axiale Vektormesonen" mit (Spin, Parität) = (1,+), oder aus seinen gewöhnlichen Vektor-Mesonen (1,–) gewöhnliche Skalar-Mesonen (0,+), also Teilchen mit jeweils entgegengesetzter Parität.

Vor allem aber ermöglichten diese höheren Wellen-Zustände ein **rasches Ansteigen der Spin-Werte** von Teilchen, deren Werte andernfalls auf den niedrigen Werten in der Größenordnung der Isospin-Werte hätten verharren müssen.

Dies ist einer der Gründe, die die Leute einst zu dem historisch derart verhängnisvollen Kurzschluss-Postulat veranlassten, Teilchen seien grundsätzlich nur 3-Quark-Zustände (Baryonen) bzw. 1-Quark-1-Antiquark-Paarzustände (Mesonen). Als Ergebnis trennte man nun nicht nur künstlich Leptonen von Hadronen ab. Viele, wichtige Mesonen (wie die W-Mesonen z.B.) konnten nicht im „Standard"-Modell untergebracht werden. Unnötigerweise tobten deshalb endlose Kämpfe mit bzw. gegen „Symmetriebrechungen". Usw., und so fort.

Als vielleicht wichtigstes Nebenergebnis verbaute man sich damit (bis heute!) den Weg zur erfolgreichen Konstruktion einer Quantengravitation mit ihren Nicht-Valenzteilen – eine wissenschaftliche Katastrophe ersten Ranges, die sich bis in Gell-Manns Zeiten zurückverfolgen lässt.

In Wahrheit sind jene „Bahn"-Drehimpulse, die an den Valenzteil von Teilchen angehängt wurden, jedoch beispielshalber (Q=1)-Multiplette bezüglich des CMS-Ortes Q, die aus dem Nicht-Valenzteil zum Valenzteil hinübergeschaufelt worden waren, um formal und unangefordert eine Erhaltungsgröße „Valenzteil" zu befriedigen, die gruppentheoretisch überhaupt nicht als solche existiert: Allein die *Kombination* eines Valenz- mit einem Nicht-Valenzteil ist allenfalls insgesamt als irreduzibel anzusetzen! – Normalerweise sind all diese Details unwesentlich. Doch für die „schwache" Wechselwirkung nahmen sie historische Bedeutung an (als Paritäts-„Brechung" z.B.).

Übersetzt in Diracs 4-dimensionale Spinor-Mathematik bildet der Nicht-Valenzteil eines Teilchens so etwas wie eine Überlagerung von Produkten aus Potenzen der 16 Komponenten der dunklen Materie gemäß Kapitel 26, bei denen allerdings die Summation über die „internen" Indizes unterblieb und die summierten Komponenten der dunklen Materie i.W. ebenfalls ausgespart werden.

Die dortigen Komponenten a^+b^+, a^+a^-, b^+b^-, a^-b^- kombinieren sich als S-Welle (Spin=0) somit linear zu den Generatoren-Analoga der U(2,2) zu L_0 (linearer Casimir), P_0 (Energie), Q_0 (CMS-Zeit) und M_0 (schwere Masse), jedoch für alle Farben „gelb", „grün", „blau" und „rot" des Kapitels „Ladungen" separat.

P-Wellen werden durch die Analoga zu den entsprechenden Spin=1-Kombinationen L_i (Spin), P_i (Linearimpuls), Q_i (CMS-Ort) und M_i (Lorentz-Boost) hinzugefügt, höhere Wellen als Potenzen dieser P-Wellen.

Die zugehörigen Zustände lassen sich bezüglich jeweils 4 Generatoren – sagen wir L_0, P_0, Q_3 und L_3 – aller 2x4 beteiligten, „farbigen" Chiralkomponenten („iso-up" und „iso-down", jeweils in „gelb", „grün", „blau" und „rot") diagonalisieren. Anwendung der betreffenden Generatoren zeitigt eine Liste von Partial-Ergebnissen dazu, die wir, aufsummiert über alle Farben, als Teilchenzahl, Energie, CMS-Ort (in 3-Richtung) und Spin (in derselben Richtung) interpretieren.

Per Konstruktion wird die Teilchenzahl N (aus Kapitel 31) sehr klein sein, da sie hier nur vom Valenzteil abhängt. Wollen wir makroskopische Aussagen treffen wie z.B. über Einsteins Raumzeit-Größen, so kommen wir nicht um die Anwendung des Gesetzes der großen Zahl herum, weil die schwere Masse nicht simultan kommensurabel ist. Gleiches gilt, wenn wir etwa Aussagen über alle 4 Raumzeit-Richtungen und/oder Linearimpulse simultan treffen wollen.

In Bezug auf einen Valenzteil stellt eine P-Welle eine „**Anregung**" des ursprünglichen S-Wellen-Zustandes dar. Eine S-Welle wäre dann eine Anregung nullter Ordnung. In konventionellen Feldtheorien werden Singlett-Darstellungen, welcher Art auch immer, fast grundsätzlich ignoriert. Daher die aus gruppentheoretischer Perspektive etwas seltsam anmutenden Exzesse bei der klassischen Verknüpfung der elektromagnetischen Wechselwirkung mit Chiralkomponenten über die sog. „**minimale Kopplung**" oder – um ein weiteres Beispiel zu nennen – ihre Klimmzüge um das Thema „Higgs" herum.

Finden solche „0-ten Ordnungen" in den Feldtheorien kaum Beachtung, so bestimmen sie in der QG maßgeblich z.B. die **Ruhemasse** eines Teilchens, sind also keineswegs nur lästiges Beiwerk! Aus Sicht der QG ist das **Higgs-Modell überflüssig**: Die Masse eines Teilchens resultiert schlicht aus der Aufsummierung aller S-Wellen-Beiträge im Ruhesystem. Stattdessen bilden masse<u>lose</u> Teilchen die Ausnahme – ihre Massivität ist die Regel.

Der Wert einer Ruhemasse ergibt sich aus der quadratischen Weltformel. Das Problem ist nur der explizite <u>Wert</u> von deren Casimir-Operator als Funktion der Entstehungsgeschichte unserer Welt, wo die 64 Gesamt-Besetzungszahlen für alle Quantentypen von außen her festgesetzt wurden. Die Ruhemasse innerhalb unserer Zeitscheibe im heutigen Universum wäre dann eine Frage an die Wahrscheinlichkeit: Die Ruhemasse ist der wahrscheinlichste Erwartungswert der speziellen, zur Debatte stehenden Teilchen-Konstellation, auch in Beziehung zu allen anderen Teilchen, wie sie Bell's Superdeterminismus dann festgeschrieben hat.

Variation der einzelnen Parameter innerhalb der Weltformel verändert auch deren Massewert. Anders als in den herkömmlichen Feldtheorien mit fester Ruhemasse gehören in der QG auch ihre **„virtuellen" Massewerte** – gewissermaßen als „Schwanz"-Terme – fest mit zur irreduziblen Darstellung eines Teilchens, brauchen also nicht erst auf Feynmans Umwegen generiert zu werden.

36. Schalenmodelle

Der Valenzteil eines Wasserstoff-Moleküls besteht aus dem eines Protons (als Baryon) mit dem eines Elektrons (als Antibaryon). Als getrennte Teilchen besitzen sowohl das Proton als auch das Elektron ihre jeweils eigenen Nicht-Valenzteile. Im Wasserstoff-Verbund existiert hingegen nur ein einzelner, gemeinsamer Nicht-Valenzteil.

Externe P-Wellen-Anregungen erweitern diesen gemeinsamen Nicht-Valenzteil dann Schritt für Schritt, indem sie ihn rund um die beiden Valenzteile herum ungleichmäßig zu einzelnen Substrukturen ausbauen, bis sie schließlich in diese zerfallen. Jeder von ihnen besitzt dann seinen eigenen, kompletten, unabhängigen Nicht-Valenzteil als „freies" Elektron bzw. als „freies" Proton.

Schauen wir uns doch diesen Teilungsprozess aus der Sicht des Valenzteiles des Elektrons an. Die externen P-Wellen – übernommen z.B. von einem stoßenden Photon – multipliziert sich an den „S-Wellen-Ozean" des ursprünglichen Wasserstoff-Verbundes heran. Akzeptieren wir – gemäß dem vorigen Kapitel – dass die wahrscheinlichste Darstellung eines Teilchenzustandes der symmetrische ist, dann werden sich jene zusätzlichen P-Wellen (aus je 2 Quanten) zu einer einzelnen Young-Zeile zusammenfinden. Für eine 3-fache Anregung ist dies schematisch:

Jedes Young-Kästchen stellt einen Spin = 1/2 dar, 2 Komponenten („up" und „down", ein Kästchenpaar) insgesamt also eine Kombination von Spin 1 und Spin 0, d.h. aus 3+1 = 4 = 2x2 Einzelkomponenten. Obige symmetrische Young-Zeile aus 3 Kästchenpaaren beschreibt somit einen Spin=3-Zustand (Spins 1+1+1), einen Spin=2-Zustand (Spins 1+1+0 = 1+0+1 = 0+1+1), einen Spin=1-Zustand (Spins 1+0+0 = 0+1+0 = 0+0+1) und einen Spin=0-Zustand (0+0+0). Soweit die Mathematik.

Die Atomphysik benutzt allerdings eine etwas abweichende Notation: Sie trennte das „grüne" Kästchenpaar ab und stellte mit ihm die beiden Spins von Elektron und Proton dar. Erst die restlichen Kästchenpaare bezeichnet sie als „Bahndrehimpuls". Obige Anzahl von Kästchenpaaren, oben 3, heißt in der Atomphysik "**Hauptquantenzahl**". Zu einer Hauptquantenzahl p gehören demnach p Elektronen-„**Schalen**" mit den Spins i = 0, 1, 2, … , p−1, wobei jeder Spin i 2i+1 Komponenten −i, −i+1, … , +i−2, +i−1, +i besitzt. Dies ist das „**Schalenmodell**" der Atomphysik, wie wir es als **Periodensystem** der Chemie aus der Schule kennen.

Das „grüne" Quant des Elektrons stammt aus der farbig unterlegten 8x8 = 64-dimensionalen Darstellung der Quanten aus Kapitel 30. Setzen wir für die Valenzteile des Elektrons und des Protons ebenfalls wieder eine völlig symmetrische Young-Darstellung in den 64 Dimensionen als „wahrscheinlichsten" Fall an, so ergibt dies eine einzelne Young-Zeile aus 3 Quanten, deren Indizes unabhängig voneinander von 1 bis 64 laufen. Speziell für ein Elektron oder Positron sind dabei 2 der Quanten als „blau" und 1 als „grün" anzusetzen, während für ein Proton oder Antiproton die beiden „blauen" Quanten durch „gelbe" zu ersetzen sind:

 ,  .

Die Auftrennung solch einer 64-dimensionalen 3-Quant-Darstellung in ein Produkt zweier 8-dimensionaler Darstellungen – eine für die QG und eine weitere für die „internen" Indizes – liefert u.a. die von Gell-Mann her bekannte gemischt-symmetrische Darstellung der Baryonen zum Spin 1/2 (und seine total-symmetrische Darstellung der Baryon-Resonanzen zum Spin 3/2) sowie weitere hier uninteressante Darstellungen.

Für das linke Young-Muster oben ist dies z.B. die Darstellung eines Elektrons, für das rechte Young-Muster die eines Protons. Multiplikation beider Valenzteile miteinander liefert schließlich die

„grüne" Doppelquant-Anregung nullter Ordnung (die eigentlichen „Spins" Proton + Elektron) vom Kapitelbeginn.

Nun besteht der Unterschied zwischen einem Elektron und einem Proton (abgesehen von der entgegengesetzten Teilchenzahl) in der Substitution von „blauen" gegen „gelbe" Quanten. *Vom Prinzip her* unterscheiden sich beide Systeme also nur durch Äußerlichkeiten. Folglich wird sich ein System aus lauter Protonen in vielen Grundzügen ähnlich verhalten wie ein System aus lauter Elektronen. Dies ist das **„Schalenmodell der Kernphysik"**.

Diejenigen Zahlen von Protonen, die, aufsummiert auch über schon vorher gefüllte Schalen, eine eigene Schale vervollständigen („abschließen"), heißen in der Kernphysik **„Magische Zahlen"**. Da sich in Atomphysik und Kernphysik – zumindest für höhere Schalen – diese nicht unbedingt in gleicher Reihenfolge auffüllen, können die Magischen Zahlen für beide Anwendungsbereiche für höhere Werte voneinander abweichen.

Andersartigkeiten beider Schalenmodelle ergeben sich auch aus ihrem Verhalten gegenüber ihrem jeweiligen Isospin-Partner: Neutrinos sind masselos, werden sich also rasch ins umgebende Weltall verflüchtigen, während Neutronen – von vergleichbarer Masse wie die Protonen – als „Kitt" zwischen den sich elektrisch abstoßenden Protonen wirksam werden. Sie bilden neben dem „Schalenmodell der Protonen" ein eigenes „Schalenmodell der Neutronen" aus.

Auch die (effektiven) Magischen Zahlen des Schalenmodells der Neutronen unterscheidet sich für höhere Werte leicht von denen des Schalenmodells der Protonen. Ursache sind Wechselwirkungen zwischen den Nukleonen, die aufgrund der ungleichen elektrischen Ladungen nicht exakt gleichartig verlaufen. Abgesehen von solchen Unsymmetrien in der Reihenfolge ihrer Auffüllung sind sämtliche Schalenmodelle identisch.

37. Flavour

Die **Teilchenzahl N** (Kapitel 30) oder N' (Kapitel 32) trennt Mesonen (N=0) von Baryonen (N=+1), Antibaryonen (N=−1) und dem „Rest" (Kernen, Atomen, Molekülen, Flüssigkeiten, Festkörper, …) ab. Demgegenüber trennen die 4 Farben gelb, grün, blau und rot dort 4 „**Flavour**"-Typen voneinander.

Gell-Mann's „**Hadronen**" setzen sich per Definition nur aus „gelben" und/oder „grünen" Quanten zusammen: Mesonen aus je 2 Quanten entgegengesetzter Teilchenzahl N, Baryonen und Antibaryonen aus je 3 Quanten gleicher Teilchenzahl N. Das „Standard"-Modell (SM) untersagt Hadronen willkürlich, sich aus mehr als jenen 2 bis 3 Quanten zusammenzusetzen. Dies permutierte zur logischen Quelle der „Flavour"-Physik.

Ein 5-Quant-Baryon darf deshalb z.B. durch nur 3 Quanten dargestellt werden: Die zusätzlichen beiden Quanten müssen sich deshalb heimlich hinter den anderen 3 verstecken. Das SM versteckt deshalb die beiden „blauen" Quanten des Leptonukleus hinter dem „grünen" Quant und bezeichnet den resultierenden 3-Quant-Zustand „grün-blau-blau" als „Lepton", der dann als per Definition unterstrukturloses „Punktteilchen" natürlich kein „Hadron" mehr sein darf.

Dies kann selbstverständlich nur solange gut gehen, wie die Struktur eines Leptons nicht aufgedeckt wird. Unsere Berechnung der Feinstrukturkonstante beweist aber im Vergleich zum experimentellen Befund eindeutig die Existenz dieser Unterstruktur, womit der Ansatz des SMs widerlegt wäre.

Sind die Leptonen durch ihre **leptonischen Flavour** (Elektron-, Myon-, Tauon-System), wie die Nukleonen, noch 3-Quant-Zustände, deren verstecktes („blaues") Quant-Paar *gleiche Teilchenzahl* aufweist, so sind die **hadronischen Flavour** 5-Quant-Zustände, die sich aus einem („gelb-gelb-grünen") 3-Quant-Nukleon und einem („grünen") 2-Quant-Meson zusammensetzen, dessen verstecktes („grünes") 2-Quant-Paar _entgegengesetzte_ Teilchenzahl aufweist.

Leptonische Flavour sind demnach durch Quantenpaare gleicher Teilchenzahl charakterisiert, hadronische durch Quantenpaare entgegengesetzter Teilchenzahl. Überdies unterscheiden sich beide Flavour-Sorten durch die Art ihrer Namensgebung: Leptonische Flavour-Paare unterschiedlicher elektrischer Ladungen Q sind gleichnamig (Myon, Myon-Neutrino z.B.), hadronische Flavour-Paare tragen dagegen je nach elektrischer Ladung unterschiedliche Bezeichnungen: So gehören z.B. **„Charm" und „Strangeness"** zum selben „grünen" Flavour-Niveau, während **„Top" und „Bottom"** ein weiteres („gelbes") Niveau bezeichnen.

Für hadronische Flavour existiert noch eine historische Nebenbedingung: Jene 3-Quant-Konstruktion aus dem einfachen Quant mit dem Meson als „Rucksack" muss sich insgesamt zum Spin 1/2 zusammenraufen, damit der geflavourte 3-Quant-Konstrukt _formal_ zu den ungeflavourten Einfachquanten kompatibel wird.

In der QG werden die Paritäten von ihren Generatoren erzeugt. Folglich existiert dort nur jeweils **1 gemeinsame Paritätsdefinition** für alle Zustände. Im „Standard"-Modell gibt es keine solche: Dort existieren für die einzelnen Teilchenfamilien mehrere unabhängige Definitionen zugleich, parallel zueinander. Die Paritätsdefinitionen unterscheiden sich daher voneinander in der QG und im SM.

So ist die Raumspiegelungsparität für Nukleonen und Leptonen in der QG z.B. entgegengesetzt, weil die Leptonen hier als Antibaryonen identifiziert wurden. Ähnlich für die anderen Flavour: Aufgrund der negativen Parität eines 2-Quant-Mesons besitzt ein einfach geflavourtes Baryon oder Meson seines „Rucksackes" wegen eine entgegengesetzte Parität wie sein ungeflavourtes Gegenstück.

Entsprechende Widersprüchlichkeiten ergeben sich beim Isospin. In der QG tragen alle 8x8 = 64 Quantentypen gleichermaßen einen Isospin – selbst die Leptonen. In der QG existieren daher auch **keine „Symmetriebrechungen"**, während es im SM nur so wimmelt davon. Das SM zelebriert feierliche Rituale um diese „Symmetriebrechungen", die Isospin-Verletzungen sogar mit Hyperladungen verknüpfen.

Aus Sicht der QG ist all dies eine bizarre Situation, die sich da bietet! In der QG laufen all diese Teilchenreaktionen auch bei der „schwachen" Wechselwirkung – egal ob leptonisch oder nicht-leptonisch – völlig widerspruchsfrei ab. Wirft ein geflavourtes Teilchen seinen Rucksack ab (Zerfall in das ungeflavourte Teilchen plus ein Meson), so wird dies im SM aufgrund seiner inkonsistenten Definitionen von Isospin und Paritäten als ein Fall von „Symmetriebrechung" interpretiert, für die komplizierte Regeln aufgestellt werden, während dies in der QG als Standardfall keinen Anlass zu Beunruhigung ergibt.

Ein Spezialfall wäre die Anregung des Pions als Isotriplett zusammen mit seinem Isosinglett (dem Eta-Meson). In der QG bleibt diese Multiplettstruktur erhalten:

$$(\pi^+, \pi^0, \pi^-) + \eta \qquad (K^+, K_{long}, K^-) + K_{short}.$$

Das SM liefert stattdessen die beiden zueinander kontragredienten Kaon-Dubletten, wie wir sie (als Überlagerungen) erst einmal aus der „starken" Wechselwirkung erhalten. Vom Experiment wissen wir jedoch, dass die neutralen Kaonen nach obigem Schema anzusetzen sind. Ersetzen wir oben den „grünen" Rucksack durch einen „gelben", so erhalten wir statt der K-Mesonen die schwereren D-Mesonen.

Beim Quartett der Spin-3/2-Baryonresonanzen existiert der Sonderfall, dass nur 3 von ihnen (mindestens) ein Isodown-Quant enthalten. Aus dem Isoquartett der 4 Δ-Resonanzen ohne Strangeness liefert die 1. Anregungsstufe je eines Isodown-Quants also kein Σ-Quartett, sondern nur, je nach Spin, ein Σ- (oder Σ^*-)Triplett. Analog erhalten wir aus ihm durch Anregung des Iso-Up-Quants das Σ_c-Triplett. Ersetzen aller 3 Iso-Down-Quanten der Baryonresonanz Δ^- liefert schließlich das Ω^-. Zwischenstufen wären die Ξ-Resonanzen.

Die „schwachen" **W- und Z-Mesonen** sind als Mehrquant-Bosonen zu verstehen, die sowohl einen Leptonukleus als auch zugleich einen Anti-Leptonukleus enthalten, also, zusammen mit noch 2 „grünen" Quanten, aus jeweils mindestens 2x3 = 6 Quanten bestehen.

Doch ersparen wir uns die eher langweilige Fortsetzung mit „grünen oder „gelben" hadronischen Flavour. Die Standard-Teilchen ließen sich auch als „grüne" oder „gelbe" leptonische Flavour interpretieren. „Blaue" und „rote" *Hadron*-Flavour wurden bisher nicht untersucht.

Abschließend sei noch angemerkt, dass die spezielle Isospin-Komponente des Flavour-„Rucksacks" keine wesentliche Auswirkung auf das hadronische Flavour-Ergebnis haben dürfte: K- und D-Mesonen unterscheiden sich nicht durch die *Iso-Komponente*, sondern durch den Isospin-*Flavour* („grün", „gelb"). Wir schließen dies aus der Kleinheit der Massenaufspaltung von Teilchen innerhalb eines Isomultipletts. Allenfalls könnte der quadratische Isospin (Isosinglett, Isotriplett) zu einer leichten Variation im Teilchenspektrum führen, die jedoch statistisch als „verwaschene" Doppelspitze in den Resonanzweiten untergehen dürfte. (Jenes besonders leichte Pion-Eta-Paar bildet eine Ausnahme; denn die Massenaufspaltung ist kein linearer Effekt.)

38. Das Pauli-Prinzip

Das Pauli-Prinzip hat seinen Ursprung in der Atomphysik, d.h. in der Anordnung von Elektronen in der Hülle von Atomen. Seine Aussage ist, dass dort keine 2 Elektronen den mathematisch gleichen Quantenzustand einnehmen dürfen: Exakt gleiche Zustände dürfen sich also nicht binden, sondern müssen sich abstoßen. Diese Eigenschaft des Schalenmodells der Atomphysik wurde dann erfolgreich auch in die Kernphysik übernommen.

Es blieb der Teilchenphysik vorbehalten, dieses Prinzip willkürlich derart zu verkürzen, dass 2 „gleiche" Teilchen sich stattdessen jeweils „antisymmetrisch" zueinander verhalten sollen. Diese Forderung des „Spin-Statistik-Theorems" von 1940 mag zwar hinreichend sein, doch sie ist nicht notwendig: Das alte, unsaubere Spielchen, nach dem die Quantenfeldtheorien von Anfang an arbeiteten. Es macht schon keinen Spaß mehr.

Tatsache ist, dass Young-Tableaux in der Anzahl ihrer <u>anti</u>symmetrischen Einträge durch die Dimension der zugrunde liegenden Transformationsgruppe begrenzt sind. In unserem Falle einer U(64) bzw. U(32,32) liegt diese Grenze bei 64. Mehr als diese relativ kleine Anzahl von Teilchen kann im Rahmen einer irreduziblen Darstellung nicht total <u>anti</u>symmetrisiert werden; die gegenteilige Behauptung des alten Spin-Statistik-Theorems kann also nicht wahr sein! Für *symmetrische* Einträge dagegen existiert kein derartiger Limit.

Jene (im Sinne von Bells Superdeterminismus) „<u>makro</u>"-skopische Argumentation des Spin-Statistik-Theorems von 1940 *zugunsten* jenes Antisymmetrie-Postulates beruht auf semiklassischen Vergleichen winkel-abhängiger Richtungen, deren zugrundeliegende Raumzeit-Generatoren – ähnlich wie bei den Falschaussagen zum angeblichen „Zusammenbruch" der Wellenfunktion beim Messprozess – <u>mikro</u>skopisch überhaupt nicht kommensurabel sind. Das

Pauli-Prinzip ist bisher folglich als rein experimentelle Erfahrungstatsache ohne theoretisch fundierten Beweis zu werten.

Andererseits ergibt sich das Pauli-Prinzip ganz zwanglos aus der multiplikativen Aufspaltung unserer 64 Dimensionen in die 8 Dimensionen der QG mal den 8 „internen" Dimensionen. „Gleiche" Teilchen stimmen in ihren „internen" Quantenzahlen überein, stoßen sich also ab, je dichter sie sich annähern. Als quantentheoretisches Ergebnis sollten sich Wellenfunktionen nicht zu stark überlappen; andernfalls liefen sie das Risiko, durch eine übermächtige gegenseitige Abstoßung in Stücke gerissen zu werden.

Und dies gilt übrigens nicht nur für Fermionen, sondern genauso auch für Bosonen – nur dass dort die *Abwesenheit* zu starker Monopol-Kräfte üblicherweise entweder stillschweigend vorausgesetzt wird oder dass diese dort „interne" *Singletts* bilden. („Gleiche" *„interne" Singlett*-Kräfte wirken *anziehend*, vgl. die Gravitation.)

39. Das Spektrum stabiler Teilchen

Zu einem Young-Rahmen mit 64 Maximalzeilen sollten auch minimal 64 stabile Teilchenzustände gehören, in die nicht-stabile Zustände zerfallen bzw. durch thermodynamische Stoßprozesse zerlegt werden können. Da in unserer Welt alles mit allem zusammengehört (Irreduzibilitätseigenschaft), gestaltet sich die Abzählung dieser Basis-Zustände etwas schwierig – es sei denn wir bleiben gleich bei unseren Quanten. Beispiele für diese Problematik ergeben sich aus der Langlebigkeit gewisser radioaktiver Elemente, deren Halbwertzeiten durchaus auch länger sein können als das Alter unserer Erde.

Es geht um die Ebene zwischen Universum und Quanten. Zu ihr gehören ganz gewiss die 16 Zustände der dunklen Materie sowie die ebenfalls 16 = 2x8 Zustände des Proton-Antiproton- und des Elektron-Positron-Systems (mit je 2 Spin-Komponenten, 2 Energie-Vorzeichen und 2 Vorzeichen der Teilchenzahl: 2**3 = 8). Problematischer wird es schon bei den abermals 16 = 3*2*2 + 1*2*2 Neutrino-plus **Photon**-Zustände, deren Helizitäten anstelle des Spins sich halbe-halbe auf positive und negative Energien verteilen.

Ganz allgemein sind Neutrinos, welcher Art auch immer, grundsätzlich massiv (ungerade Teilchenzahl). Andererseits sind deren Ruhemassen derart klein (makroskopisch null), dass sie ständig virtuell zwischen positiv und negativ hin und her fluktuieren dürften. Das SM schlug deshalb einen recht umständlichen Zerfallsmechanismus zur Beschreibung der Übergänge („**Neutrino-Oszillation**") zwischen den 3 experimentell beobachteten „blauen" Neutrino-Sorten vor.

Die QG bietet eine pragmatischere Lösung an: Anstelle jener umständlichen *Zerfalls*-Methode im SM würde es bei der Seltenheit des Teilchenwechsels vollauf genügen, mit den Stoßeffekten von Teilchen der dunklen Materie am Valenzteil der Neutrinos zu argumentieren: Solch ein **Stoß** könnte recht zwanglos zum „Umklappen" der

3 leptonischen Neutrino-Flavour ineinander führen, ohne dass erst schlecht nachweisbare Neutrino-Massen bemüht werden müssten!

Zählen wir die Neutrinos *auf diesem Zwischenniveau* also weiterhin zu den makroskopisch masselosen Teilchen, so bleiben zur Vervollständigung unseres **Systems stabiler Teilchen**zustände noch immer 64–3x16 = 16 unidentifizierte stabile Zustände übrig. Zu diesen gehören ganz sicher noch Strukturen aus „blauen", vor allem aber aus „roten" Quanten, von denen uns bisher noch kein einziger Zustand aus dem Experiment bekannt ist. Doch ich will hier nicht spekulieren; hier ist das Experiment gefragt.

40. Das Paritätsproblem bei Neutrinos

Masselose Zustände sind ideale Partner zum Passieren des Ereignishorizontes eines Schwarzen Loches. Möglicherweise besteht zwischen der **Masselosigkeit** einiger Teilchen und ihren **Paritäts-„Horizonten"** in unserem Universum ein bisher noch ungeklärter Zusammenhang.

Ganz allgemein handelt es sich bei der klassischen „**Paritätsverletzung**" des nuklearen Beta-Zerfalls übrigens um „**Fake News**". Denn Paritäten werden für Teilchen im Ruhesystem festgelegt. Neutrinos bewegen sich jedoch mit Lichtgeschwindigkeit. Der springende Punkt ist jetzt, dass der Energie-Impuls mit der Lorentz-Beschleunigung überhaupt nicht kommensurabel ist!

Die Lorentz-Beschleunigung eines ruhenden Teilchens auf Lichtgeschwindigkeit führt rein mathematisch zu einem 1:1-Paritätsmix; und genau dies beobachten wir experimentell bei den Neutrinos. Der Grund dafür, dass die konventionelle Physik diesen trivialen Zusammenhang nicht längst akzeptiert hat, liegt darin, dass in ihr die Parität (als diskreter „Index" des Valenzteils) getrennt vom Energie-Impuls (als kontinuierlichem „Argument" des Nicht-Valenzteiles) betrachtet wird. Die „Irreduzibilität" eines Teilchens vermischt nun aber in eindeutiger Weise den Valenzteil mit seinem Nicht-Valenzteil miteinander; für eine Paritäts-„Verletzung" ist da kein Raum.

Das eigentliche Problem dahinter ist, dass ein Neutrino in nur einem einzigen Helizitätszustand auftritt, während die entgegengesetzte Helizität seinem Antiteilchen vorbehalten bleibt. Dieser Helizitätssplit zwischen Teilchen und Antiteilchen ist in der Physik tatsächlich einzigartig, hat aber nichts mit einer Paritäts-„Verletzung" zu tun! In der QG folgt dieser **Helizitätssplit** ganz simpel aus der Gültigkeit seiner Weltformel dritter Stufe für ein makroskopisch masseloses Fermion; sein führender Term lautet:

$$C_{SU(2,2)}^{(3)} \propto \left(\vec{L} \cdot \vec{M} \right) M_0 + \ldots = \text{const.}$$

L bezeichnet hier den Gesamtdrehimpuls (Spin + Bahn), M den entsprechenden Gesamt-Boost und M_0 die schwere Masse. Die Klammer projiziert also gerade den Spin des Teilchens auf seine Laufrichtung. Als Fermion besitzt das Teilchen auf jeden Fall eine Masse, die mikroskopisch ungleich null ist, letztendlich also, zusammen mit dem konstanten Wert des Casimirs, das Vorzeichen, also die **Helizität**, der Klammer fixiert. Beim Umklappen des Spins ändert also automatisch auch entweder die Masse (Wechsel Teilchen/Antiteilchen) oder die Laufrichtung ihr Vorzeichen.

Genau diese starre **Dreierbeziehung** zwischen Spin (**Helizität**), **Laufrichtung** und **Teilchen-Natur** beobachten wir aber im Experiment! Damit erklärt die QG das **defektive Neutrino-Verhalten** erstmalig auch vollständig von der theoretischen Seite her.

Was sie zurzeit noch nicht erklärt, das ist das vollständige Spektrum stabiler Teilchen (siehe voriges Kapitel); theoretischerseits wäre dessen Fixierung gemäß Bells Superdeterminismus eine numerische Frage von Versuch und Irrtum an entsprechend auszuprobierende Nicht-Valenz-Ansätze, deren Aufgabe es wäre, die Resonanzstruktur, wie sie das Experiment uns liefert, immer genauer zu reproduzieren.

41. Masselosigkeit

In der traditionellen Teilchenphysik gelten „Resonanzen" als echte Teilchen, in der QG dagegen zählen nur die 64 absolut stabilen Zustände. Bei 8 „internen" Oktetts liefert die ToE aber noch zusätzlich das „interne" Spur-Singlett, d.h. die eigentliche QG, sowie das entsprechende Spur-Singlett der Dynamik, während das doppelte Spur-Singlett „1" aufgrund der Irreduzibilität der ToE entfallen sollte:

$$64_{\text{ToE}} - 1_{\text{ToE-Spur}} \supset$$
$$8x8_{\text{chirale Oktetts}} + 8x1_{\text{QG}} + 1x8_{\text{dynamisches Singlett}} \cdot$$

Die Teilchenphysik unterscheidet zwischen reiner **Dynamik** (QG) und ihrer **materiellen Grundlage** (GUT), auf die sie anzuwenden ist; das „dynamische Singlett" dient der Transformation der 8 chiralen Oktetts ineinander und stellt somit ebenfalls nur eine abstraktere Art von Dynamik dar, die wir bisher nicht weiter behandelt haben.

Die Absonderung der beiden 8-dimensionalen Singletts (8x1 + 1x8) von der materiellen Basis 8x8 bedeutet für diese jedoch ein Manko von 8+8 = 16 Zuständen, die bei deren Zählung einzusparen sind, wenn wir die 16 = 4x4 Komponenten der Dunklen Materie mit zur materiellen Basis zählen.

Physikalisch lässt sich diese Einsparung dadurch erreichen, dass z.B. die 3 Neutrinos und das Photon nicht mit 8, sondern nur mit je 4 Komponenten (Helizität sowie Vorzeichen der Energie) zu Buche schlagen. Dies könnte die **Masselosigkeit** der genannten vier Teilchen im Konsistenz-Sinne von Bells Superdeterminismus mathematisch begründen, wie wir sie im Experiment tatsächlich vorfinden. Die Realisierung erfolgt dann, wie im vorigen Kapitel beschrieben, mit Hilfe der Weltformel dritter Stufe.

42. Resonanzen

Kapitel 10 endete mit der Singularität des klassischen „Propagators". Zur Umgehung dieser Singularität gesteht die Feynman-Logik der schweren Masse künstlich einen kleinen imaginären Anteil zu. Damit gewinnt der Propagator die Gestalt einer „Glockenkurve" mit einem endlich hohen **Peak** anstelle der Singularität. Die Größe des imaginären Anteils bestimmt die **Breite des Peaks**.

In der QG gibt diese glocken-ähnliche Kurve die (makroskopische) **Wahrscheinlichkeit**(s-Amplitude) für das Auftreten des virtuellen Zustandes in Abhängigkeit von Energie und Linearimpuls wieder; ihr Wert liegt betragsmäßig also höchstens bei 1.

Feynman organisierte die **Diagramme**, die seine Teilchenreaktionen grafisch darstellen sollten, einst in Form eines Netzwerkes aus lauter Dreier-**Vertizes** (= Knoten), von denen der Output-Zustand des einen Knotens mit dem Input eines benachbarten Knotens zu identifizieren war und somit den Propagator zwischen beiden darstellen sollte. Zustände mit einem freien Ende, das nicht in einem Vertex endete, stellten ein- bzw. auslaufende stabile Teilchen dar:

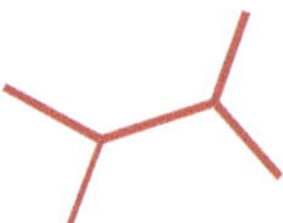

Über die Variation der Propagatoren häufte sich jedoch eine Vielzahl an Singularitäten an, die dann mit viel Überredungskunst wegzudiskutieren waren (Schlagwort „**Renormierung**": unendlich minus unendlich = endlich!).

Die QG arbeitet hingegen mit Wahrscheinlichkeiten im Reaktionskanal; da bleibt alles endlich. Die Propagatoren stellen virtuelle Zustände dar und bilden als „**Resonanzen**" summarisch die Quanten der anderen beiden Linien eines Knotens ab. Die Resonanz aus 2 stabilen Zuständen stellt typischerweise eine Art Glockenkurve mit einem Peak dar, dessen Eigenschaften, Breite inklusive, sich aus denen der beiden stabilen Zustände des Knotens ableiten lassen.

Rechentechnisch wäre diese Aufgabe numerisch (auf dem Computer) zu bewältigen. Feynman benötigt das Netzwerk zur Berechnung seines Endzustandes. Die QG hingegen geht umgekehrt vor und benutzt Start- und Endzustand zur Ermittlung dominanter Zwischenschritte.

Die QG geht (auf einer nächst-höheren Ebene, oberhalb der Quanten) von einer materiellen Basis von 64 stabilen Darstellungen als Ersatz für die 64 Quantentypen eine Ebene tiefer aus. Alle sonstige Materie ist (auf dieser höheren Ebene) aus ihnen sekundär zusammenzusetzen. Welche 64 Darstellungen hierbei anzusetzen sind, das wäre eine Frage an Bells Superdeterminismus, der das Gesamtgebäude konsistent zu halten hat.

43. Zahlen und Quanten

Vektoren in n Dimensionen kombinieren n voneinander unabhängige Objekte e („**Dimensionen**") _additiv_ miteinander. Ein Vektor lässt sich per Definition auch _mit Zahlen_ multiplizieren. In der Physik sind diese Zahlen a normalerweise reell oder komplex:

$$V = a_1\vec{e}_1 + \dots + a_n\vec{e}_n.$$

Die Multiplikation solcher „Objekte" e miteinander dürfte in der QG eigentlich keine Rolle spielen, weil die **QG als reine Tensor-Arithmetik** nur Kronecker-Produkte, also Mehrfach-Vektoren, kennt und diese die Objekte selber nicht modifizieren. Das ändert sich jedoch schlagartig, sobald – z.B. für Normierungszwecke – Skalarprodukte eingeführt werden.

Ein Skalarprodukt bildet unsere „**Input**"-Vektoren V nämlich (1:1) auf „**Output**"-Vektoren $\underline{V}$ ab, verdoppelt also ihre Anzahl. In einer anderen Sprechweise werden Input-Vektoren auch als „**Erzeuger**" und Output-Vektoren als „**Vernichter**" bezeichnet. Diese Sprechweise macht allerdings nur solange Sinn, wie wir diese Vektoren als zueinander „**orthogonal**" betrachten dürfen:

$$\langle \underline{\vec{e}}_j | \vec{e}_k \rangle = \begin{cases} 1 \text{ für j=k,} \\ 0 \text{ sonst.} \end{cases}$$

Für Vektorpaare aus reellen oder komplexen Zahlen ist diese Konstruktion mit Leichtigkeit erreichbar. Für **Oktonionen** o anstelle der e lässt sich hingegen nur die obere Bedingung (=1) erreichen (nämlich wenn $\underline{e}$ gerade das Inverse 1/e zu e ist); die untere Bedingung (=0) einer „Nullteiler-Freiheit" bleibt hingegen unerreichbar. _(Grund: Die Norm des Produktes zweier Oktonionen ist gleich dem Produkt ihrer Einzel-Normen. Das Produkt kann also nur verschwinden, wenn eine der beiden Oktonionen selber =0 ist.)_ Es sei denn, wir ersetzten

$$\vec{e}_i \;\rightarrow\; o_i \times \vec{e}_i.$$

In diesem Falle hätten wir jedoch die Eigenschaften der Oktonionen praktisch wieder durch die Hintertür hinausgeworfen und würden de facto doch nur mit rellen oder komplexen Zahlen arbeiten. Erhalten bliebe nur deren spezifische Eigenschaft **Dimension = 8.** Ausschlag gebend für diese Argumentation ist die Eigenschaft eines Produktes Output mal Input: Korrespondierende Paare, j=k, sollen nicht zueinander korrespondierenden Paaren, j ungleich k, haushoch überlegen sein, letztere ersteren gegenüber also vernachlässigbar sein, d.h. messtechnisch „praktisch" verschwinden.

Die Mathematik spricht bei solch einem Verhalten von **Nullteiler**n: Das Produkt ist null, obwohl die Einzelfaktoren, die Vektoren, beide ungleich null sind. Noch nicht auf ihren Gehalt an Nullteilern und deren wechselseitige Beziehungen zueinander untersucht wurden meines Wissens bisher allerdings die hyperkomplexen Zahlen der Dimension 8x8 = 64. Da *könnten* noch Überraschungen in Form orthogonaler Teilmengen bevorstehen, die doch noch obige Konstruktion $o_i x e_i$ nahelegen. Zurzeit ist die Problematik *dieser* Konstruktion also noch als offen zu betrachten.

Anders sieht die gruppentheoretische anstelle der multiplikativen Betrachtungsweise aus. Ausgehend von der Tensor-Definition als Überlagerung vieler Kronecker-Produkte miteinander, sind hier nicht die Eigenschaften von Produkten, sondern die von Kommutatoren ausschlaggebend. Liefert ein elementarer Kommutator noch das oben zitierte Resultat, so liefert das Durchkommutieren des elementaren, *mikro*skopischen Kommutators durch alle m Kronecker-Faktoren das *makro*skopische Brutto-Resultat

$$[\underline{e}_j, e_k] = m\ f_{jki}\ g_i\ .$$

(g ist hier ein Generator der vereinigten Lie-Algebra aller $\underline{e}$ und e.) Makroskopisch messen wir die e, $\underline{e}$ und g aber in Einheiten der Größenordnung m. Division durch m zum Quadrat ergibt aber (mit G = g/m, E = e/m usw.):

$$[\underline{E}_j, E_k] = \tfrac{1}{m^2}([m\underline{E}_j, mE_k]) = \tfrac{1}{m^2}(f_{jki}\, mG_i) = \tfrac{1}{m}(f_{jki}\, G_i).$$

Im makroskopischen Limit m gegen unendlich ergibt dies

$$[\underline{E}_j, E_k] = 0.$$

Seit deSitter in den 1920er Jahren heißt diese Art einer makroskopischen Grenzwertbildung **Gruppenkontraktion**. Einstein hatte diese Gruppenkontraktion, ohne sich ihrer bewusst zu sein, kurz vor dem Erreichen ihres Limits (Radius des Weltalls gegen unendlich) gestoppt. Dies lieferte ihm seine **krummlinige Metrik** f/m proportional zum inversen, fast unendlichen Krümmungsradius des Weltalls. (Alle höheren Näherung setzte er also unbewusst =0.)

Einstein arbeitete jedoch nicht (bewusst) gruppentheoretisch. Deshalb kümmerte er sich nicht darum, die zugrunde liegende Gruppe U(4,4) zu identifizieren. Somit übersah er wesentliche Details: Seine ART blieb unvollständiges Stückwerk; Überschreitungen ihres (durch diese Auslassungen eingeschränkten) Anwendungsbereiches macht sie dort grob falsch. Beispiel: Ereignishorizont.

Mit **Quanten** q als Objekten e können wir so nicht unmittelbar arbeiten, weil Quanten individuell erhalten bleiben und deren Gesamtzahl in unserer Welt riesengroß, jedenfalls also größer als 8, ist. Drücken wir diese **Individualität** durch einen zusätzlichen Index s (unbekannten Wertebereiches) aus, so müssten wir formulieren: Die QG arbeitet mit **Klassen** (= Typen) von Quanten:

$$\{q_a\} = (\{q_{a,s}\} \text{ modulus } \{s\}); \quad \left\langle \vec{\underline{q}}_{j,r} \middle| \vec{q}_{k,t} \right\rangle = \begin{cases} 1 \text{ für } (j,r) = (k,t), \\ 0 \text{ sonst.} \end{cases}$$

Die (normalerweise unterdrückte) Klassen-Logik macht die QG mitunter etwas unübersichtlich, entspricht aber andererseits gerade der üblichen Tensor-Definition als Überlagerung von Kronecker-Produkten. Die Gruppenkontraktion bezieht sich in erster Linie auf die Klassenlogik der s; ihre Wirkung auf die a (bei festem s) ist nachgeordnet. Umständlich gestalten sich – unter ihrer Berücksichtigung – jedoch Normierungsfragen, weil die jeweils anzusetzende Teilmenge der s nicht bekannt ist und hier deshalb etwas vage, summarisch formuliert werden muss. Vom Prinzip her ist jedoch alles eindeutig.

Nebenbei bemerkt, nehmen die klassischen Quantenfeldtheorien bei der Multiplikation („2. Quantisierung") ihrer nicht als „Quanten" bezeichneten Erzeugungs- und Vernichtungs-Operatoren (oben: e und <u>e</u>) den Unterschied zwischen einem Tensor- und einem „normalen" Produkt nicht allzu ernst („Vakuumpolarisation" – ihr Vakuum ist nicht leer!). Kein Wunder, dass derartig ideologisierte Modelle das Verständnis der Physik ein Jahrhundert lang mehr verschüttet als gefördert haben.

Ich erwähnte schon, dass sowohl deSitter als auch Dirac, beide aus unterschiedlichen Beweggründen, damals bereits dicht vor der Entdeckung der QG gestanden hatten. Einstein indessen hatte sich, von seiner eigenen Entwicklung der ART geblendet, zu sehr auf den Formalismus seiner Differenzialgeometrie und auf sein Äquivalenzprinzip versteift. Damit verpasste auch er den Durchbruch zu QG und „Weltformel".

Die aktuelle Literatur zur **„Quantengravitation"** können wir getrost vergessen; wie alle Quantenfeldtheorien arbeitet sie nicht allgemein- sondern speziell-relativistisch, d.h. ausschließlich mit der kanonischen Quantisierung. Echt mit einer QG hat das nichts zu tun.

44. Die offenen Grundfragen in der QG

Das Hauptproblem in der Philosophie lautet: „Warum existiert überhaupt _**irgend**etwas_?" Sämtliche weiteren Fragestellungen sind dann sekundärer Natur. Die Herkunft ihrer Quanten ist selbstverständlich auch der QG letztendlich unbekannt; sie _arbeitet_ mit ihnen lediglich und _strukturiert_ sie gemäß unseren menschlichen Sinnen: Für den Fall, _dass_ da etwas existiert, muss dieses Etwas abzählbar und endlich sein – sofern es der _Homo physicus_ auch _„verstehen"_ können soll.

Ein fast ebenso wichtiges Grundproblem lautet folglich: „Inwieweit hängt eine philosophische Fragestellung von den _**menschlichen Sinnen**_ ab?"

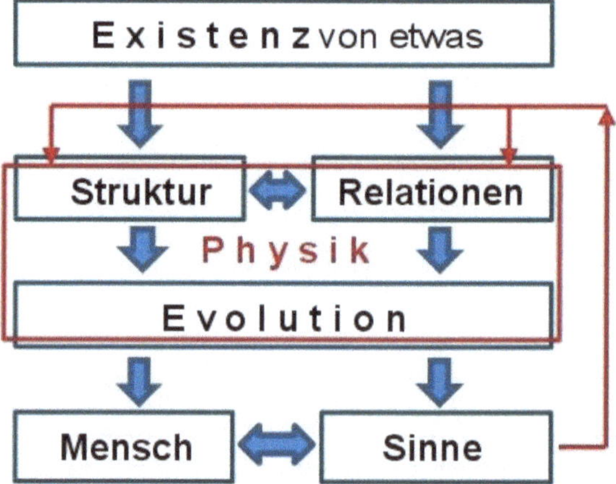

Diese Rückkoppelung menschlicher Sinne auf die Natur ist das Problematische: Existiert diese Struktur auch ohne Zwischenschaltung der menschlichen Sinne – bzw. wie sähe diese Struktur ohne sie aus? Wäre sie immer noch 8-dimensional? Ist eine normierbare Wahrscheinlichkeit menschenbedingt oder unabhängig von ihm?

Demgegenüber wird unser 2-Kanal-System auch ohne Menschen bestehen bleiben. Zeilinger erforscht die Verschränkung über den Spin. Künftige Überlicht-Technologien werden Raumzeit, Energie-

Impuls und schwere Masse miteinbeziehen und so über unsere dynamischen Paritätshorizonte hinweg agieren.

*Mit diesen _Erweiterungen_* eröffnet diese als Einsteins „spukhafte Fernwirkung" (Verschränkung) bekannt gewordene Technik völlig neuartige Zukunftstechnologien, wie sie sich derzeit kaum jemand zu erträumen wagt. Bells Superdeterminismus ermöglicht die Umdiagonalisierung vom dynamischen Kanal mit seinen Kausalitätseinschränkungen in puncto Lichtgeschwindigkeit zum Reaktionskanal, für den diese Beschränkungen keine Bedeutung mehr haben.

Mit dem ersten funktionstüchtigen Computer der Welt hatte Konrad Zuse 1941 in Berlin den Startschuss zur Digitalisierung gelegt, die das folgende Jahrhundert mit ihrer binären Bit-up-Bit-down-Architektur beherrschen sollte. Die Quantengravitation könnte ein Jahrhundert darauf, nach der Dampfmaschine am Ende des 19. und der Digitalisierung am Ende des 20. Jahrhunderts die nächste technologische Revolution zum Ende des 21. Jahrhunderts lostreten.

Die physikalischen Grundlagen liegen auf dem Tisch; jedermann kann sich ihrer bedienen – vorausgesetzt die heutigen „Maschinenstürmer" in Form erzkonservativer Institutsleitungen, die nur — koste es, was es wolle – auf den Erhalt ihrer alten, verbrauchten Privilegien aus sind (Formal-Rankings und vererbte Publikationsrechte), behalten nicht die Oberhand, um jeglichen Fortschritt in der Grundlagentheorie noch weiterhin kraft Amtes (offizielles Publikationsmonopol) zu verhindern.

Zu den nächst anstehenden Aufgaben gehört die explizite Berechnung von **Übergangsamplituden** aller Art für ausgewählte Teilchenreaktionen **auf numerischer Grundlage**, um erst einmal die experimentellen Eichungen für kompliziertere Prozesse auf Basis des Schalenmodells anstelle des ausgedienten Spin-Statistik-Theorems zu erhalten.

Parallel dazu wäre die Kosmologie mit der QG auf Vordermann zu bringen. Insbesondere beträfe dies die Folgen der Weltformel mit ihren höheren Casimir-Operatoren (Vervollständigung von Einsteins Metrik, dunkle Energie, dunkle Materie) sowie die Themenkreise um schwarze Löcher, Paritäten und Horizonte jedweder Art herum.

Bei den Übergangsamplituden wurden als Pendants zur Teilchenzahl des „internen" Singletts „Quantengravitation" bisher i.W. nur die 8 statischen Oktett-*Ladungen* angesprochen. Auf deren Umdiagonalisierung zu den (so farbenfroh dargestellten) hadronischen Flavour war ich 2013 nur ganz am Rande, im Rahmen eines Vortrages [8], eingegangen. Das Warum und die Leitprinzipien dieser Umdiagonalisierung blieben bislang vage. Vermutlich hängen Grund und Form eng mit der speziellen Abspaltung der dunklen Materie zusammen. Dies wäre ein Hinweis auf die mikroskopische Realisierungsweise höherer Casimirs durch den Dirac-Formalismus.

Speziell für die Elektrodynamik wurde neben ihrer **elektrischen Ladung Q** bisher nur ihr **Viererpotenzial A** als Oktett-Pendant zum Viererimpuls P fixiert; das entsprechende $\underline{A}$ der 4 Komponenten der „**elektromagnetischen Raumzeit**" werden noch ignoriert. Die Eichung des Potenzials A blieb rudimentär stecken. Die Zusammenfassung der Elektrodynamik unter einem übergeordneten, allgemeinrelativistischen Feldtensor F_{ab} fehlt völlig.

Dies wäre jedoch nur *einer* der noch experimentell abzuklärenden Punkte, speziell für die Elektrodynamik. Neben ihr existieren in der QG aber noch 7 weitere „interne" Oktett-Potenziale als jeweilige Gegenformationen zum Singlett Energie-Impuls. Das SM spekuliert im Rahmen seines für die QG untauglichen Variationsprinzips mit willkürlich angesetzten Lagrange-Komponenten zur „Starken" Wechselwirkung (Trialität T) herum, wobei die Rollen der nuklearen Nebenpotenziale A und M offenbleiben.

Bei der „Schwachen" Wechselwirkung beschränkt sich das SM gar auf den reinen Dipol-Ansatz (über die W- und Z-Mesonen), lässt also die Monopol-Ladung Λ als Hauptteil der „Schwachen" Kernkraft völlig außen vor. Von den weiteren Kräften will ich hier erst gar nicht reden! (Doch welche kosmischen Auswirkungen haben die Ladungen N, L, A, M aufgrund ihrer sich nicht aufs Mikroskopische beschränkenden Reichweiten?)

Und was bedeuten die 8 Oktett-Varianten der Raumzeit physikalisch, was die 8 Varianten des Lorentz-Boosts, was die der schweren Masse?? Fragen über Fragen. Ein Goldenes Zeitalter für bedeutende, noch nie da gewesene Entdeckungen in der Experimentalphysik brechen an. Auch der Kosmologie eröffnet die QG über ihre endlich ausformulierte Weltformel ganz neue Horizonte. Stecken wir doch nicht weiterhin den Kopf – mürrisch wie bisher – in den Sand! Packen wir die Herausforderungen der Zeit beim Schopf: Derart schnell wird die Physik kaum wieder eine derart riesige Chance bieten!

Mutet es nicht eigenartig an, dass sich die Antiteilchen, mit denen wir experimentieren, als Objekte **jenseits des Ereignishorizontes** erweisen? (Vgl. die Skizzen im Kapitel 19.) Elektronen und Nukleonen sind folglich durch den Ereignishorizont getrennt! Aber ihre <u>Raumzeit-Projektionen</u> sind zur Bildung zusammengesetzter Strukturen wie Atome, Moleküle, Berge und Galaxien imstande.

Das **Matrioschka**-Prinzip stößt gar das Tor zu völlig unterschiedlichen Bewusstseins-**Ebenen** weit hinter unseren täglichen Aufgabenbereichen von Quanten und Universen auf, die unsere makroskopische Welt zwischen sich einzwängen. Das Mater-Mundi-Prinzip zeigt darüber hinaus, dass jene fremdartigen Bereiche, wie abstrakt sie auf den ersten Blick auch wirken mögen, keineswegs auf rein philosophischer Spekulation beruhen; als „interne" Kräfte, wie Elektromagnetismus z.B., beeinflussen sie unser tägliches Leben durchaus! In der Physik hängt halt alles mit allem zusammen: Grenzen sind nur künstliche Näherungenskonstrukte zur Bewahrung des Überblickes.

Ein noch offenes Problem sind die **Anzahlen von Quanten pro Typ** in **unserem Universum**. Dies ist jedoch kein theoretisches Problem, sondern bedarf abschätzender Messungen durch das Experiment. Die Theorie *verknüpft* dann nur diese 64 Ergebnisse mit der Stärke und [An]Isotropie der 8 „internen" Kräfte, die das Experiment dann wieder gegenchecken muss.

Ein besonders wichtiges Problem, das noch offen ist, lautet: Welche **Teilchen** *haben* nun **Masse**, welche nicht – und warum nicht?

Daran hängt schließlich noch das ebenfalls offene Problem statistischer Relevanz: Gemäß welchem Prinzip **verteilen sich** jene **Nicht-Valenzbausteine** über die diversen „stabilen" Teilchentypen? Dessen Lösung ist eng verbunden mit dem Problem des **Spektrums stabiler Teilchen**, und dies ist eine Frage an Bells Konsistenz-Prinzip (den Superdeterminismus).

Die Story dazu

II-1. Erster Kontakt

An einem herrlichen Sommertag Ende der 1950er Jahre, mittags. An der Endstation meiner Straßenbahn in Tegel (Berlin) gab es einen gut frequentierten Zeitungskiosk. Schon aus der Ferne fesselte mich auf dem Heimweg von der Schule eine Schlagzeile: „**Heisenberg … Weltformel**".

Die Widerlegung dieses Irrtums von Heisenberg dauerte. Mein Interesse war jedoch geweckt worden – obwohl meine Schulnoten in Physik nicht gerade die besten waren: Jenes endlose „Ziehst du hier, passiert da etwas" der Schulphysik hatte mich zu Tode gelangweilt.

Als Vorbereitungen zum Vordiplom in Physik versuchte ich dann, in all jene so unterschiedlichen Modelle, die mir in den Lehrstunden vorher dargeboten worden waren, ein bisschen Systematik zu bekommen.

Dies war die Zeit unmittelbar vor dem Bau der **Berliner Mauer**. Danach zog eine wachsende Furcht durch die Stadt, die Russen könnten das Ruder übernehmen. Professoren ergriffen das Hasenpanier, nahmen Reißaus in den Westen. Dazu benötigten sie allerdings einen Ruf irgendwohin. Das verzögerte ihre Absetzbewegung ein wenig.

Nach Abschluss meiner Vorlesungen, Praktika, Pflichtseminare usw. suchte ich den letzten noch verbliebenen Professor der Theoretischen Physik auf und befragte ihn zum Thema Diplomarbeit. Im Prinzip stimmte er zu, nannte mir jedoch ein Buch mit 1.000 Seiten eng gedruckter Formeln und meinte, wenn ich das durchhätte, solle ich mich wieder vorstellen.

So paukte ich Tag und Nacht rund um die Uhr. Danach fragte ich ihn erneut. Inzwischen aber hatte auch er einen Ruf gen Westen erhalten und bot mir an, ihm zu folgen. In meiner jugendlichen Blindheit sagte ich mir: Geht der eine Professor, dann kommt eben der nächste nach; zwei Neuzugänge seien ja bereits avisiert.

Ein halbes Jahr später traf tatsächlich der erste ein. Seine Doktoranden hatte er aus seiner vorigen Universität mitgebracht. Aber: Auf meine eigene Frage hin, teilte er mir mit, er sei noch zu frisch in der Position eines Professors, er habe noch keine (neuen) Themen, ich müsse mich gedulden. So erhielt ich als Diplomand zwar Zutritt zum Institut und zu dessen Spezialbibliothek, studierte dort die aktuellen Fachjournale und die Flut ständig aus aller Welt eintreffender Preprints, war jedoch dazu verdammt zu warten, warten und warten – Jahre lang, wie sich dann herausstellte!

II-2. Arbeitsbeginn

Dies war die goldene Epoche, wo **Gell-Mann** seinen „Eightfold Way" über die SU(3) und seine **Quarks** herausgebracht hatte. So freundete ich mich mit der mathematischen Disziplin der „**Gruppentheorie**" an, zu der das gehörte. Insbesondere zogen mich S. Okubos Preprints zu SU(3)-Massenformeln und **Casimir**-Operatoren an.

Dann wurde Gell-Manns SU(3)-Formalismus „*interner*" Parameter (Isospin, elektrische Ladung, Strangeness) um den Faktor 2 der *dynamischen* Dimension des Spins zu einer „SU(6)" erweitert. **W. Rühl** erweiterte diese SU(6) kurz darauf weiter zur SL(6,c), indem er den Spin-Formalismus zu einem vollständigen Lorentz-Verhalten aufbohrte. **Abdus Salam** schließlich machte daraus eine SU(12), indem er auch noch **Dirac**s 4-dimensionalen Formalismus an Gell-Manns 3-dimensionales Quark-System heranmultiplizierte.

Nach Jahren des Wartens und Weiterwartens betrat nun auch der zweite der vor Jahren angekündigten Professoren der Theoretischen Physik die Bühne, verließ sie aber sofort wieder. Seine Verpflichtungen zwangen ihn, hieß es, zwecks Abschluss seiner Arbeiten noch ein weiteres Jahr in Hamburg zu verbleiben.

Dann kam er tatsächlich und brachte von dort einen Post-Doc mit. Voller Wut über die vorangegangene lange Wartezeit mit dem ersten Professor, sprach ich sofort bei ihm vor und köderte ihn mit der Aussage, in der langen Wartezeit hätte ich bereits selber ein Diplomthema gefunden: „Modifizierte SU(6)-Massenformeln". Er war einverstanden, und ich begann meine Arbeit daran.

Während der gesamten Zeit, die ich mit der Diplomarbeit zubrachte, hatte ich jedoch *kein einziges* Gespräch mit ihm darüber. So gab es für mich auch keinerlei Möglichkeit, seine Aufmerksamkeit auf jenes meiner Ansicht nach unmögliche didaktische *Wirrwarr* zu lenken, das die traditionellen Methoden boten, indem sie die <u>konti-</u>

nuierliche *Funktionentheorie* auf die <u>diskreten</u> Modelle anwandten, die auf (den „Eigenwerten") der *Gruppentheorie* beruhten.

Statt das Problem im Rahmen der einen mathematischen Disziplin sauber zu lösen, ließ man sich ablenken und schaltete auf eine andere über, die das Problem genauso wenig in den Griff bekam. So wurden all die dringenden, noch ausstehenden Probleme nie einer Lösung zugeführt, sondern immer nur auf den Sankt-Nimmerleinstag vertagt. „Goulasch-Physik" war die Devise: von allem ein bisschen, nichts richtig.

Mein ganzes Augenmerk war ja gerade darauf gerichtet, diese alten, funktionentheoretischen „Verunreinigungen" aus den neuen, gruppentheoretischen Modellen sauber zu eliminieren! Meiner Überzeugung nach war dies die einzige Chance, **Einsteins Welt mit Plancks Quanten** und **Gell-Manns Quarks** zu **versöhnen**.

Primär bedeutete dies, die Doppelabhängigkeit von Diracs 4 Basiskomponenten – einerseits von diskreten *Indizes*, andererseits aber zusätzlich von kontinuierlichen *Argumenten* – auf eine reine Indexbasis zu reduzieren. Mein Motto lautete deshalb: „Keine Argumente"!

Somit war also auch die Dynamik zu diskretisieren. Startoption war der Spin. Aber wie sollte ich Impuls und die Raumzeit analog abhandeln? Die Quanteneigenschaft von Diracs 4 Komponenten ließ sich durch einen Formalismus („2. Quantisierung") von „Erzeugungs-Operatoren" und „Vernichtungs-Operatoren" identifizieren. Ich benannte sie gemeinsam in „**Quanten**" um.

Zur Überführung der kontinuierlichen Spektren der Dynamik in diskrete Spektren erschien mir der Trick geeignet, jene „Argumentwerte" einfach durch „Anzahl Quanten" (von der und der Sorte) auszudrücken. Dies verwandelte das Kontinuitätsproblem in ein solches der **Statistik** (unterschiedlicher Typen) diskreter Quanten.

All diese Überlegungen waren zu der Zeit damals noch nicht ganz ausgegoren. Insbesondere hatte ich noch keine Ahnung, welche Transformations*gruppe* all dies bewerkstelligen sollte. Lange zermarterte ich meinen Kopf (und viel Schmierpapier) vergeblich damit. Einsteins Arbeiten waren auch keine Hilfe.

Ein weiteres Manko von Gell-Manns Anhängern bestand in deren Bottom-up-Zugang zur Gruppentheorie, indem sie gemäß Funktionentheorie infinitesimale Transformationen aufintegrierten und sich somit auf „einfache" Gruppen, will heißen auf die „speziellen" (S̲U(...) und S̲O(...)) Gruppen beschränkten, die **Teilchenzahl, elektische Ladung** usw. schlicht ignorierten. Dergestalt *konnten* sie gar kein vernünftiges Modell finden, das die Herausforderungen einer Neuen Physik genügt.

Da ich dieses konzeptuelle Defizit von Anfang an erkannt hatte, favorisierte ich selber A. **Young**s Top-down-Zugang, der zu den vollen (U(...) and O(...)) Gruppen führt, der die betreffenden linearen Casimir-Operatoren miteinschließt. So war es für mich keine Überraschung, warum die Leute später die höheren **Casimir-Operatoren** genauso **ignoriert**en. Man erinnere sich jedoch daran, dass **Einsteins gekrümmte Metrik**, die **dunkle Energie** und die **dunkle Materie**, also größere Probleme der Kosmologie, sämtlich auf der **Weltformel** beruhen, deren Basis die höheren Casimirs bilden!

Mein Ansprechpartner für meine Diplomarbeit war exklusiv dieser Post-Doc, der nur immer eine Tafel Schokolade nach der anderen in sich hineinstopfte. Seine Standardantwort auf alle Fragen lautete: „Versuchen Sie's doch". Nichts weiter. Wenige Monate nach meinem **Diplom** verstarb er unerwartet.

Zuvor schon hatte ich mich erneut an den einzigen Professor im Hause gewandt, der noch wissenschaftliche Arbeiten vergab, und mich um eine Doktorandenstelle beworben. So erhielt ich die Stelle eines wissenschaftlichen **Assistent**en am Institut. Doch erneut bestand mein einziger Kontakt, diesmal zu meinem Doktorvater, in meiner Eigenschaft als wissenschaftlicher Assistent (Übungsbetrieb der Studenten, Prüfungen protokollieren u.ä.). (Der Seminarbetrieb wurde von dem anderen Professor organisiert.)

II-3. Assistenz

Aufgrund des Professorenmangels als Langzeitfolge des Baus der Berliner Mauer kündigte die Stadt eine Universitätsreform an. Kurz: Jeder, der an einem späteren, festen Stichtag bereits einen Doktor-Titel besaß, dort angestellt war und lehrte, sollte automatisch zum „Assistenz-Professor" befördert werden, bezahlt von der Stadt.

So eilten Leute von überall her nach Berlin. Mein Institut begrüßte einen neuen Post-Doc, frisch aus den USA. Sein Spezialgebiet: Gruppentheorie, genau mein Gebiet! Also wechselte ich erneut über, diesmal zwecks Promotion. Während meiner langen Wartezeiten hatte ich als Diplomand genügend unabhängige Kenntnis und Erfahrung ansammeln können. So hoffte ich endlich auf einen Ausbruch aus jenem Teufelskreis unbefriedigenden Wartens zugunsten eines echt wissenschaftlichen Austausches mit kompetenten Partnern.

Meine Idee war es, Gell-Manns „**Standard-Modell**" von all seinen inkonsistenten, überflüssigen Beimischungen aus der Funktionentheorie zu befreien, indem ich ein in sich stimmiges, rein gruppentheoretisches Modell schuf. Primär bedeutete das nicht nur, die „internen" Parameter diskret hinzuschreiben, sondern auch die Dynamik zu „digitalisieren". Ausgangspunkt waren meine „Quanten".

Damals kümmerte ich mich nicht um Bells No-go-Theoreme. Ich betrachtete meine Aufgabe schlicht im *pragmatischen* Auffinden einer *wie auch immer* gearteten *Lösung*. Vielleicht haben Sie von dem Querdenker-Slogan gehört: „Alle sagten: Das geht nicht. Da kam einer, der das nicht wusste, und tat es."

Das Kombinieren meiner Quanten ergab schnell, *warum* innerhalb einer mikroskopisch endlichen Darstellung keine exakte Lösung möglich war. Der Ausweg bestand unvermeidlich im *makroskopischen* Zugang per **Statistik**. Statistik bedeutete aber Überlagerung

<u>vieler</u> unterschiedlicher Zustände. Bei *diskreten* Quanten hieß das notwendigerweise die simultane Anwesenheit einer *Vielzahl* von Quanten.

Damit waren „Quanten" trotz ihrer Ähnlichkeit keine „Quarks" mehr im Sinne Gell-Manns! Denn sein „Standard"-Modell forderte ja rigoros, dass ein Elementarteilchen nur <u>maximal aus 3 Quarks</u> bestehen dürfe. Abermals blockierten hier vorschnelle Festlegungen einiger weniger „Auserwählter", die das Sagen hatten, machtvoll die gedeihliche Forschungsarbeit künftiger Generationen: Autoritätsgläubigkeit!

Mein neuer Doktorvater zeigte kein besonderes Interesse an der Physik. Sein Geschick lag eher auf dem Sektor Werbung: Sein Ziel war Publizieren – egal was; nur die *Anzahl* an (seinen) Publikationen zählte – nichts sonst. So lernte ich rasch, meine Ergebnisse unter Verschluss zu halten, solange sie nicht vollends abgeschlossen waren. Wieder erwies sich die Universität nicht als der Ort zur Diskussion von Ideen.

Somit konnte es nur noch eine Frage der Zeit sein, bis ich mich aus dieser Institution verabschiedete. Meine Idee in Richtung einer Zusammenführung von Einsteins Allgemeiner Relativitätstheorie mit Plancks Quanten zu einer Quantengravitation (QG) im Rahmen einer reinen Gruppentheorie hatten innerhalb einer Universität, die nur auf den *traditionellen*, funktionentheoretischen Pfaden der Grundlagenphysik herumritt und diese mit Händen und Füßen verteidigte, keinerlei Chance.

Je länger ich darüber raisonnierte und knobelte, desto klarer wurde es mir von Monat zu Monat: Das A und O einer QG lag eindeutig in der **Quantisierung von Einsteins *Allgemeiner* Relativitätstheorie**; ohne dies lief auf dem Gebiet gar nichts! Alles andere, das später einmal als „QG" bezeichnet werden sollte, *war* keine QG, sondern hieß nur so.

Das äußerliche Kennzeichen der Überwindung der althergebrachten Sackgassen-Modelle einer überalterten Funktionentheorie im Gewande einer wie auch immer gearteten Quantenfeldtheorie war es, *bewusst* und gewollt die Zäsur zur kanonischen Quantisierung zu vollziehen und, wie auch immer, Einsteins Metrik zu reproduzieren.

Am CERN, in Genf, bekam ich rasch mit, wie man durch die Bildung von „Kollaborationen" und wechselseitige Zitierungen seine Anzahl an Publikationen formal in die Höhe treiben konnte. Mein neuer Boss hatte mich dort mit Stipendiaten (Postdocs) aus Italien und Portugal zusammengeführt, die sich an „Tilt"-Winkeln ergötzen – in meinen Augen einer Beschäftigungstherapie ohne jeden physikalischen Hintergrund. Aber CERN-Mitarbeiter dürfen ja so manches …

Meine langen Wartezeiten hatte ich genutzt, um in der Institutsbibliothek bis auf die alten Artikel aus der Zeit zwischen den Weltkriegen zurückzublättern. Dabei stieß ich auch auf **deSitter**s Formalismus der „**Gruppenkontraktion**", mittels der er durch einen geeigneten Grenzprozess die dynamische Poincaré-Gruppe aus einer 5-dimensionalen Drehgruppe gewann.

Mein Fazit daraus war, dass in einer Quantengravitation jener Kontraktionsprozess kurz <u>vor</u> dem Grenzübergang zu stoppen sei. Dies lieferte zum einen eine extreme, aber noch endliche Normierung für Impuls und Raumzeit, zum anderen aber auch eine **Metrik** à la Einsteins ART: eine tolle Erkenntnis für mein eigenes Modell! Ohne mir darüber im Klaren zu sein, hatte ich in den frühen 1970er Jahren bereits entdeckt, was später, als Folge von Bells Superdeterminismus von 1985, zur Neudefinition des Begriffes „makroskopisch" führte!

Neben einer Statistik war also auch noch ein im Endlichen abbrechender Kontraktions-Mechanismus zu berücksichtigen. Und weiter – ebenfalls meine eigene Idee zur Überwindung von deSitters Sackgasse – war es, Einsteins Variante einer nicht-linearen Raumzeit in die lineare **CMS-Raumzeit** im Schwerpunktsystem zu überführen.

So hatte ich die QG am Ende meiner Uni-Karriere schon fast im Griff gehabt. Doch meine ursprüngliche Idee, mit der QG zu habilitieren, zuvor aber die Quantisierung von Einsteins gekrümmter Raumzeit zwecks Promotion davon abzuzweigen, zerschlug sich mit dem Auslaufen meines letzten Zeitvertrages an der Uni – aus dem einfachen Grund, dass ich mein derart ambitioniertes Forschungsfeld *nicht rechtzeitig* hatte abschließen können.

Ich hatte meine Position genutzt, um zwecks Zugang zur Instituts-Literatur meine Zeitverträge so oft wie möglich zu erneuern und zu verlängern. Nach 7 Semestern wissenschaftlicher Assistentenzeit nahm ich dann meinen Abschied aus dem freien Forscherdasein zur Großindustrie, in der Grundlagenphysik für die nächsten Jahrzehnte kein Thema mehr war.

II-4. Später Erfolg

Als Altersrentner setzte ich auf meinen Uralt-Erkenntnissen aus der Uni-Zeit auf, fasste meine Notizen zusammen, ordnete sie und reichte 2006 die Quantisierung von Einsteins gekrümmter Raumzeit beim New Journal of Physics in London ein. Sie passierte erfolgreich das Peer Review und wurde zur Veröffentlichung freigegeben.

Dann erhielt ich jedoch eine weitere Email mit dem Tenor, ich hätte vergessen, meine volle **Adresse** anzugeben – Formular anbei. „Adresse" bedeutete hier i.W. das Tripel

- akademischer Titel (nur Prof. und Dr. zulässig),
- Institution (also Universität oder Institut),
- Sponsor.

Ich meldete dreimal: unzutreffend. Die maschinelle Antwort kam prompt als Textbaustein, kommentarlos: Veröffentlichung abgelehnt. Dies war also die viel gerühmte „Freiheit der Forschung" im 21. Jahrhundert: Rückschritt ins finsterste Mittelalter, Feudalismus in Hochkultur! Nicht mehr der wissenschaftliche Inhalt (Peer Review) gab heutzutage den Ausschlag für eine Veröffentlichung, sondern die „edle" Abstammung (Adresse) des Urhebers: **Herkunft vor Inhalt!**

Priorität hat die ökonomische Instanz, der eine Veröffentlichung im Ranking der Institutionen zugeordnet werden kann – ihre wissenschaftliche Bedeutung ist nachrangig. Wie Schuppen fiel es mir von den Augen, warum jene berüchtigten „String-Modelle" Jahrzehnte lang die Literatur zur theoretischen Grundlagenphysik beherrschen und an ihrer Weiterentwicklung hatten hindern dürfen, obgleich sie für die Physik nachgewiesenermaßen ohne jede Relevanz waren.

Dieses ökonomische Kalkül war der Grund, wieso die *theoretische* Grundlagenforschung auf meinem Gebiet nun schon um ein Jahrhundert hinterherhinkte. Einstein und Schrödinger sind als Ikonen längst verblichener Zeiten halt unantastbar. Bis heute wagt es niemand, ernsthaft Zweifel zu äußern oder gar echte Alternativen zu erörtern.

Vom CERN bis Harvard, Princeton und Stanford marschieren da inzwischen ganze „Armeen" auf dem Holzweg – ohne jede Chance, die Grundlagenphysik auch nur einen Schritt voran zu bringen. Die alte Garde praktiziert halt das Handwerkszeug (Funktionentheorie), mit dem sie selber aufgewachsen war, und die jüngeren Leute hyperventilieren mit esoterischen Superman-Phantasien (String-Modellen) weit jenseits von Gut und Böse. Beiden gemeinsam ist ihre Unfähigkeit zu pragmatischen Kompromissen. Inzucht als Programm!

Demgegenüber stehen die Vorurteile derer, die der Forschung aus ökonomischen Gründen keine Entwicklungszeit zugestehen wollen, stets auf dem Sprung, ihnen den Geldhahn abzudrehen. Sie verlangen rasche Ad-hoc-Lösungen ohne Nachhaltigkeit. Nach dieser amerikanischen Methode wird ein Gordischer Knoten nicht mühevoll gelöst sondern mit Brachialgewalt durchschlagen – mit allen katastrophalen Folgen, die dieser Akt barbarischer Zerstörungswut nach sich zieht – s. „2te Quantisierung", s. das „Nur-3-Quarks"-Postulat, s. das Variationsprinzip, s. das Spin-Statistik-Theorem, usw., und so fort. So fließen Forschungsgelder ins Experiment, nicht aber in die Theorie.

Schließlich sind da auch noch jene Fundamentalisten, die sich durch nichts von ihren weltfremden Fantastereien abbringen lassen. Sie arbeiten nach dem Trump-typischen Grundsatz: „Die Theorie ist korrekt, die Natur ist falsch". In diese Kategorie gehören ganz offensichtlich die String-Modelle, die sich selbst durch die gröbsten Widersprüche ihrer „Theorien" zum Experiment nicht beirren lassen: Die Institutionen decken alles. Auch die unverbesserlichen Symmetrie-Anbeter tendieren in diese Richtung.

Ein gesunder Paradigmenwechsel ist gefragt: Weg vom bürokratischen Fetischismus des *Lebenslaufe*s, hin zur Fähigkeit eines *Modells*, <u>die Natur</u> tatsächlich zu beschreiben! Während die String-Fans noch immer vergeblich versuchen, der Natur einzureden, wie sie handeln *sollte*, stehen die Ergebnisse des hier präsentierten Modells, soweit bisher nachprüfbar, von Anfang an voll in Übereinstimmung mit der Natur. Überdies folgt aus ihnen ein tiefes Verständnis für die Arbeitsweise der Natur.

II-5. Das Leben geht weiter

So erwog ich, mich aus dem leidigen Geschäft zurückzuziehen. Doch mein Kopf war voller noch nicht umgesetzter Ideen. Beispielshalber hatte ich die Lösung für jenes „**Quark Confinement**" parat – jenes für die offizielle Literatur bis heute unerklärliche Auftreten von Gell-Manns Quarks ausschließlich in Dreiergruppen.

Ich hatte den **GUT**- und **ToE**-Mechanismus entdeckt, nach denen sich die einzelnen, **chirale**n **Kräfte** der Natur zu einem einzigen, gemeinsamen Konzept vereinheitlichen ließen, usw. So stellte ich noch eine lange Reihe weiterer inzwischen gewonnener neuer Ergebnisse zusammen und hinterlegte all dies 2010 als Print-Buch [1] bei der deutschen Nationalbibliothek, Standorte Leipzig und Frankfurt.

Eine weitere Erkenntnis war, dass es in der Natur keine Symmetrien gibt. In der Literatur wurden all jene Symmetrien stets wieder „gebrochen". So ist die Natur z.B. nicht einmal drehinvariant: das tägliche Leben widerlegt es! „Symmetrie"-Gruppen sind durch „Klassifikations"-Gruppen zu ersetzen. Mathematisch erfolgt diese „**Klassifikation**" nicht über jene vollen Transformationsgruppen, sondern, subtiler, bereits über deren „**Generatoren**" in „**Lie-Algebren**".

Jenes Durcheinander aus angeblichen „Symmetrien" und tatsächlichen Erhaltungsgrößen hatte inzwischen (unter Missbrauch von **Noethers Theorem**) zu einem derartigen Kauderwelsch aus Halbwahrheiten (wie „gebrochene Quantenzahlen") geführt, dass selbst die hartgesottensten Spezialisten sich kaum noch an der Abwegigkeit solcher statistischen Überlagerungen von Teildarstellungen stoßen.

Kaum hatte ich meine Aufzeichnungen hinterlegt, da stieß ich zufällig auf eine Notiz über die Eigenschaften von **Oktonionen**. Diese Entdeckung wurde zum Schlüssel zur Beantwortung der Dimensionsproblematik in meinem bis dato nur 4x8-dimensionalen 2-Kanal-Modell. Also machte ich mich daran, diese Erkenntnisse auf den alljährlichen Frühjahrstagungen der Deutschen Physikalischen Gesellschaft (DPG) vorzutragen.

Nachdem ich einen Verlag gefunden hatte, veröffentlichte ich 2013 mein erstes E-book [2], das, wie meine nächsten E-books, auch in englischer Sprache erschien. Das Problem aber war: Wenn in der QG alles fest war – wieso konnte sich da etwas **bewegen**? Diese Problematik löste ich mit dem nächsten e-book (2014) [3]. Anschließend galt mein Augenmerk der Beschreibung der internen Dynamik in einem Schwarzen Loch.

Grundlage dafür boten die **3 Paritäten**, insbesondere die der **Ladungskonjugation**. Deren Verdopplung von Einsteins 4 auf 8 Dimensionen bildet den Schlüssel zum Verständnis Schwarzer Löcher als gleichberechtigte Strukturen in Konkurrenz zu unserer eigenen Welt. Im eklatanten Widerspruch zur gängigen Lehrmeinung ergab sich für die Welt *hinter* **dem Ereignishorizont** eine völlig **gleichartige Struktur** wie für „unsere" Welt *vor* dem Ereignishorizont! Und – begrifflich noch schwerer vorstellbar – dieser Ereignishorizont, neutralisiert durch den Lorentz-Horizont, erstreckte sich selbst zwischen Elektronenhülle und Atomkern!

Meine bis dahin aufgelaufenen Erkenntnisse fasste ich zum weltweit ersten **Lehrbuch der Quantengravitation** [4] zusammen, das sich *nicht* – wie die offizielle Literatur zum Thema – damit begnügte, mit viel Gerede um den heißen Brei herum sich schließlich nur lapidar damit zu begnügen, eine solche als angeblich „nicht-existent" zu deklarieren. Die **Dynamik Schwarzer Löcher** wird explizit, konsistent und singularitätsfrei beschrieben. Hawking konnte davon nur träumen!

Zugleich veröffentlichte ich darin zum ersten Male eine explizite Berechnung der **Feinstrukturkonstante** (Wert der elektrischen Ladung) – ebenfalls eine Weltpremiere. Die Folgejahre widmete ich ausführlich **Bell**s No-go-Theoremen und seinem **Superdeterminismus**, den ich selber mit meinem 2-Kanal-System unwissentlich längst pragmatisch angewandt hatte [5] [6] – die konsistente Beschreibung der Natur verlangte dies halt so.

Doch stets aufs Neue stoße ich auf jene unsäglichen Simplifizierungen und Verfälschungen der Natur durch die offizielle Literatur, die die wissenschaftsgläubigen Medien nur allzu kritiklos übernehmen. Ständig rattern die Gebetsmühlen von Falschaussagen und angeblich noch unerklärlichen Fakten über die häuslichen Bildschirme, die ich längst gelöst und in E-book-Form publiziert hatte. Immer wieder möchte ich in diese unaufgeräumten Kinderstuben hineinrufen: „Mensch, <u>da</u> liegt euer Fehler, <u>da</u> müsst ihr eingreifen, wenn es funktionieren soll!"

Wo politische Zeitschriften von den Alternativen leben, die an sie aus allen Richtungen herangetragen werden, dösen wissenschaftliche Blätter im Tiefschlaf vor sich hin: Alternative Meinungen sind absolut tabu – und wenn sie noch so fundamentiert sein mögen. Physikalische Gesetze werden nicht mehr *entdeckt,* sondern *beschlossen.* Selbst gestandene „Wissenschafts-Journalisten" starren wie die Kaninchen gebannt auf die Schlange offiziöser Presseverlautbarungen von Instituten, die selbstredend lediglich aus ihrer eigenen Interessenlage heraus berichten.

Das Königsprinzip journalistischer Recherche, auch gegenteilige Ansichten und Kritiker gebührend zu Wort kommen zu lassen, wird bei „wissenschaftlichen" Berichten sträflich unter den Teppich gekehrt – speziell auf dem Sektor theoretischer Grundlagen-<u>Theorie</u>. Mit der systematischen Verweigerung, objektiv ihrer Neutralitätspflicht nachzukommen, verleugnen Wissenschafts-„Journalisten" heute um des billigen Effektes willen ihre Berufsethik!

Als Placebo werden dann genüsslich koreanische Statistikfälschungen und Zitatsschlampereien von politischen Gegnern angeprangert. Die wesentlich schwerer wiegenden Verfehlungen in Teilchentheorie und Kosmologie nimmt man dagegen autoritätshörig seit nunmehr fast 100 Jahren unangefochten hin. George Orwells Romane „Animal Form" und „1984" (mit seinem „New-Speak") feiern beängstigend fröhliche Urständ.

Mein nachfolgendes E-book [7] setzte sich – neu – mit den **Matrioschka-** und **Mater-Mundi-Prinzipien** auseinander. Die Herleitung des **Pauli-Prinzip**s über die Schalenmodelle aus den „internen" Parametern zulasten des semi-klassischen Spin-Statistik-Theorems eröffnet jetzt neue Horizonte, um zu verstehen, wie die Natur tatsächlich arbeitet.

Beispiel wäre die Erkenntnis, dass die beschleunigte Ausdehnung des Universums durch die dunkle Energie formal auf der gegenseitigen **Abstoßung** seiner Quanten beruht, hervorgerufen durch ihren Dichtegradienten; dass die **dunkle Energie** letztendlich also nichts weiter als einen ganz gewöhnlichen **Entropie-Effekt** darstellt! Dass die **Anziehung** der **Gravitation** nur ein (entgegen gerichteter) Spezialfall dieser entropischen Kraft für ausgedehnte Körper in geschichteten Medien (**Quantendichten**) bedeutet; dass Einsteins **Geometrisierung** der Schwerkraft folglich bedingungslos auf <u>alle</u> 8 Fundamentalkräfte der Natur übertragbar ist. Oder dass der **Ereignishorizont** auf einem **Scher-Effekt** vom Reaktions- zum dynamischen Kanal beruht, der u.a. auch zur **Mischung der CMS-Zeit mit der schweren Masse** (gewissermaßen als einer **2. Zeit**) beiträgt. Usw.

Den hier vorliegenden Text betrachte ich als stark erweiterte Neuauflage des letzten E-books [7], das weitere Zusammenhänge verdeutlicht, die bisher zu kurz geraten waren.

Mittlerweile treibt die offizielle Literatur weiter ihre Würfelspiele mit der kontinuierlichen, speziell-relativistischen Funktionentheorie und verschwendet ihre Zeit mit Renormierungen, Strings und Branes und Möchte-gern-Modellen einer QG, die Augen fest verschlossen

gegenüber einer tatsächlichen Quantisierung von Einsteins krumm-
liniger Raumzeit. Anders als im offiziösen Umfeld der nunmehr
schon seit 100 Jahren auf der Stelle tretenden Funktionentheoretiker tut sich hier hinter den Kulissen Erhebliches (s.o). Lediglich die
offizielle Literatur hat sich in ihrer fensterlosen Wagenburg fest ein-
geigelt, um zusammen mit den String-Fantasten die Zukunft weiter
zu verschlafen. Träume süß, Physik: „schlafe, mein Kindchen, schlaf
ein"!

II-6. „Wissenschaft"

Der Startpunkt nicht-klassischer Physik lässt sich auf das Jahr 1900 festsetzen, als in Berlin der Physiker **Planck** die Strahlung schwarzer Körper quantisierte („Plancks Wirkungsquantum") und in Cambridge der Mathematiker A. Young seine Top-Down-Version der Gruppentheorie freigab (Begriffe: „**Young-Tableaux**", „**Irreduzibilität**"). Später, 1905 und 1915, folgte Einstein mit seinen Relativitätstheorien, und 1926 wurde der Elektronen-Spin entdeckt. Vorher herrschten in der theoretischen Physik funktionentheoretische Methoden vor.

Eine Revolution trägt üblicherweise bereits die Saat ihrer Konterrevolution in sich. Physiker, die mit der Funktionentheorie aufgewachsen waren, blockierten die Gruppentheorie, die zu ihrer Universitätszeit nie von Bedeutung gewesen war, mit aller Macht. Besonders schwerwiegend war dieser Widerstand gegen neuartige Ideen in der Habsburger Bürokratie Österreichs: Pauli und Schrödinger verstiegen sich gar soweit, mit Begriffen wie „**Gruppenpest**" hausieren zu gehen.

In dieser vergifteten Atmosphäre entwickelte der niederländische Astronom **deSitter** seine astronomischen Modelle auf Grundlage der „**Gruppenkontraktion**". Als Kind seines Jahrhunderts versäumte er es jedoch, auch einen vorzeitigen *Stopp* dieses Kontraktionsprozesses vor dessen Ende in Betracht zu ziehen. So verpasste deSitter einen der bedeutendsten Zugänge zur QG im letzten Moment. **Dirac**s Zugang, die Nutzung aller 16 statt nur 4 seiner Gamma-Matrizen, habe ich schon diskutiert. Der dritte Zugang war dann **Bell**s Superdeterminismus, der neu definierte, was „makroskopisch" war, und die Aufspaltung in einen Reaktions- und einen dynamischen Kanal realisierte.

Jene „Gruppenpest" spiegelte das Unbehagen weiter Teile der Professorenschaft gegenüber dem neuen Trend der Physik zu unvertrauten Mitteln der Mathematik hin wider. Jeder betete inständig das Ende herbei und versuchte, diese eigene Wissenslücke unbeirrt mit seinen alten funktionentheoretischen Methoden auszusitzen.

Dies war ganz klar das Übelste, was einer neuen Theorie passieren konnte. So überließ man die Quantentheorien Schrödinger, der glücklich war, das schwebende Damokles-Schwert einer modernen Physik auf die bloße Einführung von Plancks Wirkungsquantum in das alte Variationsprinzip abwenden zu können. Und Pauli managte das Spin=1/2-Problem mit seinen 4 Pauli-Matrizen. Das löste natürlich *nicht* die Herausforderungen, die die Quantentheorien stellten.

Einstein zog sich praktisch aus der aktiven Physik zurück und sonnte sich nur noch in seinem Ruhm. Er versuchte es nicht einmal nachträglich, den Spin in seine Allgemeine Relativitätstheorie einzubeziehen oder Raumzeit und Energie-Impuls auf eine einheitliche Grundlage zu stellen. Er versuchte nur – vergeblich – seine ART mit der Elektrodynamik zu vereinheitlichen, und grübelte – abermals vergeblich – über seine „Weltformel" nach. Ohne den Begriff „Irreduzibilität" hatte er selbstverständlich keinerlei Chance.

In diesen Jahren stellten sich die Weichen für die kommenden Jahrzehnte. Zur Qualitätsverbesserung kam in jenem namenlosen Land zwischen Kanada und Mexiko für wissenschaftliche Publikationen das **Peer-Review** in Mode, das Einstein auf die Palme brachte.

Nach dem 2. Weltkrieg war das Peer-Review von seinem ursprünglichen Zweck zum rein ökonomischen Instrument zum Leistungsvergleich wissenschaftlicher Einrichtungen degeneriert. Damit teilte es das Schicksal des Doktor-Titels. Mehr und mehr verteilte man beide unter dem Gesichtspunkt eines wirtschaftlichen oder sozialen, politischen Verhaltenskodexes – die wissenschaftliche Bedeutung trat zunehmend in den Hintergrund.

Zurzeit ist nicht mehr das Peer Review die Eintrittskarte für eine wissenschaftliche Publikation, wie es einst angedacht war. Heute bildet es nur noch den lästigen Anhang zur sog. „Adresse" (Titel, Institution, Sponsor), dem eigentlichen Kriterium dafür, ob sich eine Veröffentlichung für eine Zeitschrift lohnt – oder auch nicht. In jenem Peer-Review wird nur noch ein zweitrangiges Anhängsel gesehen, das man nicht zu ernst nehmen dürfe.

Das erklärt, wieso das SM im Laufe der Zeit eine derart riesige Menge an inkonsistenten Bestandteilen, Halbwahrheiten und Singularitäten anhäufen konnte, dass selbst ein Experte kaum genug Zeit findet, um all jenen aktuellen Drehungen und Wendungen jeweils nachzugehen. Jeglicher Widerstand wurde somit inzwischen erstickt. Eine allgegenwärtige Resignation breitete sich aus, jemals wieder aus jenem undurchdringlichen Dschungel herauszufinden.

Die führenden Institute genießen – zulasten echter Wissenschaft – inzwischen weitgehend diktatorische Narrenfreiheit; sind sie es doch selber, die im Closed-Shop-Betrieb festlegen, was „die Welt" zu „glauben" habe. Unglaublich, wozu sich Theoretiker versteigen, wenn niemand mehr bereitsteht, sie zu beaufsichtigen!

Andererseits ist jedermann fest davon überzeugt, dass der gegenwärtige Zustand der Grundlagentheorie, wie ihn das SM bietet, nicht der Weisheit letzter Schluss sein *kann*. In meinen E-books habe ich die spektakulärsten Missstände aus den letzten 100 Jahren angeprangert. Die QG, wie ich sie bis hinunter zur Ableitung des korrekten Wertes der Feinstruktur-Konstante vorgestellt habe, in die eine Vielzahl der speziellen Details der QG eingehen, vermeidet strikt die Wiederholung jener radikal ausgemerzten Fehler.

Die experimentelle Bestätigung der QG, soweit bisher getestet, verheißt eine vielversprechende Zukunft für die Grundlagentheorie – sobald nur erst die Generationen jener funktionentheoretischen, eingefleischten Besserwisser abgetreten sind. Liebgewonnene Lehrbuchweisheiten wie das auf semiklassischem Aberglauben und Überredung beruhende Spin-Statistik-Theorem sind aufzugeben;

Youngs höheres Prinzip der Irreduzibilität sollte in der Physik mehr Beachtung finden. Von den „String"-Alchimisten, die komplett an der Physik vorbei argumentieren, will ich hier gar nicht erst reden.

Aber auch Dirac hatte sich mit seiner „2. Quantisierung" verrannt. Trotzdem war es sein Verdienst, zusammen mit Feynman, mit ihr den Begriff „virtueller" Zustände populär gemacht zu haben, der bei Einstein völlig fehlt. Die QG stellt all das wieder gerade.

Kurzum: Wissenschaftler sind auch nur Menschen, mit all ihren Schwächen. Die Überhöhung der Wissenschaft in Öffentlichkeit und Medien ist kontraproduktiv. Speziell in Gebieten, wo der Fortschritt stockt, führt sie zur rechthaberischen Arroganz selbsternannter „Illuminaten-Orden", die ihren **Fehlglauben** selbstherrlich verteidigen.

Der Verkauf einer inzwischen 6-stelligen Anzahl von Exemplaren meiner E-books in Deutsch und Englisch – ihre Schwarzkopien aus dem Internet nicht einmal mitgezählt – zu Quantengravitation und Neuer Physik belegt die ungebrochene Erwartung, die die jüngere Generation an den Universitäten einem theoretischen „Verständnis" der Grundlagenphysik gegenüber hat. Enttäuschen wir sie nicht erneut!

Fußnoten

Historische Lehrbuchfakten und Namen werden nicht besonders zitiert. Für den Laien sind diese Schlagwörter leicht im Internet auffindbar. Speziell für Quantengravitation und Neue Physik ist deren Entwicklung in zeitlicher Reihenfolge unter www.q-grav.com nachschlagbar.

[1]   C. Birkholz, „Weltbild *nach Vereinheitlichung aller Kräfte der Natur …* ", Selbstverlag (2010), ISBN 978-3-00-030847-6

[2]   C. Birkholz, „Neue Physik", bookrix/München (2013).

[3]   C. Birkholz, „Fluss der Zeit", bookrix/München (2014).

[4]   C. Birkholz, „**ToE; Neue Physik; Unsere Welt, erklärt durch die Quantengravitation.** *Weltweit 1. Lehrbuch zur QG*", e-book, Bookrix-Verlag, München (2016), ISBN 978-3-7396-3009-0

[5]   C. Birkholz, „Erkenntnisse auf Grundlage der Quantengravitation", bookrix/München (2016).

[6]   C. Birkholz, „Wo Einstein scheiterte", bookrix/München (2017).

[7]   C. Birkholz, „Diracs Vermächtnis, Einsteins Dilemma", bookrix/München (2019).

[8]   C. Birkholz, Vortrag AGPhil 10.3 „Successfully Unravelling the Structure of Our Universe and Its Particles by First Principles", DPG Spring Conf. on Grav., Jena/Germany (2013). Siehe www.q-grav.com.